이 책으로 뜰 수 있는 여러 작품

이 책에는 대바늘 손뜨개에서 사용하는 다양한 기법이 실려 있습니다. 한 단계씩 차근차근 밟아나가면 뜰 수 있는 작품이 점점 늘어납니다. 기법을 배우는 데만 머물지 말고 단계별로 소개한 작품에도 꼭 도전해보시기 바랍니다.

STEP 1

맨 처음에는 어느 작품에서나 반드시 사용하는 기초코와 코마무리,
겉뜨기와 안뜨기 기법에 대해 알아봅니다.
기본 중의 기본이지만 이것만 알아도 여러 작품을 뜰 수 있습니다.

> 술 장식도
> 달아보세요!

> 왕복으로 뜨고,
> 원형으로 뜨고.

머플러
➡ 30쪽

어려운 기법으로 뜬 것 같지만 겉뜨기와 안뜨기만으로 뜬 머플러입니다. 술 장식을 다는 방법도 함께 실었습니다.

케이프
➡ 32쪽

가터뜨기, 메리야스뜨기, 2코 고무뜨기를 왕복뜨기로 뜨다가 원형뜨기로 바꿔서 뜨면 케이프를 완성할 수 있습니다. 몇 가지 기법만 익혀도 이렇게 근사한 작품을 만들 수 있습니다.

STEP 2

대바늘 손뜨개에서는 겉뜨기와 안뜨기를 비롯한 여러 뜨개 기법을 조합하여 무늬를 만들어냅니다. STEP 2에서는 그중에서도 자주 쓰는 뜨개 기법들을 알아봅니다.

> 교차뜨기는
> 의외로 쉬워요!

모자와 똑같은 무늬로 뜨는 레그워머입니다. 무늬가 같아도 사용하는 실이나 아이템이 바뀌면 느낌이 완전히 달라집니다.

레그워머
➡ 62쪽

> 조금씩 코를 줄이면
> 둥글게 떠져요.

모자
➡ 59쪽

교차뜨기(꽈배기뜨기)로 뜬 모자입니다. 원형뜨기로 뜨다가 머리 모양에 맞게 코를 줄이면 둥글게 뜰 수 있습니다.

> 구멍무늬뜨기로
> 가볍게!

조끼
➡ 62쪽

걸기코와 2코 모아뜨기를 조합해서 구멍무늬로 뜬 조끼입니다. 직사각형으로 뜨기만 해도 주름이 매력적인 멋진 조끼를 완성할 수 있습니다. 이 조끼에 사용한 실은 푹신한 모헤어입니다.

쉽게 배우는

새로운

대바늘 손뜨개의 기초

67가지 손뜨개 기호와 155가지 손뜨개 기법

일본보그사 지음 | 김현영 옮김

한스미디어

뜨면서 확인할 수 있는 편리한 색인

대바늘 손뜨개의 뜨개 기호 일람표

기호	뜨개코 이름	페이지
		겉뜨기	22
—	안뜨기	22
◯	걸기코(바늘비우기)	35
⬭	덮어씌우기	35
⬭	안뜨기의 덮어씌우기	35
℧	돌려뜨기(꼬아뜨기)	36
⅄	오른코 겹쳐 2코 모아뜨기 (오른코 겹치기)	36
人	왼코 겹쳐 2코 모아뜨기 (왼코 겹치기)	36
℧	돌려 안뜨기	37
⅄	오른코 겹쳐 2코 모아 안뜨기	37
人	왼코 겹쳐 2코 모아 안뜨기	37
人	중심 3코 모아뜨기	38
人	오른코 겹쳐 3코 모아뜨기 (오른코 중심 3코 모아뜨기)	38
人	왼코 겹쳐 3코 모아뜨기 (왼코 중심 3코 모아뜨기)	38
人	중심 3코 모아 안뜨기	39
人	오른코 겹쳐 3코 모아 안뜨기	39
人	왼코 겹쳐 3코 모아 안뜨기	39
人	오른코 겹쳐 4코 모아뜨기	40

기호	뜨개코 이름	페이지
木	왼코 겹쳐 4코 모아뜨기	40
木	중심 5코 모아뜨기	40
⌐	오른코 늘리기	42
¬	왼코 늘리기	42
³⁾ = ⌣◯	겉뜨기 3코 만들기	42
⊥	오른코 늘려 안뜨기	43
⊤	왼코 늘려 안뜨기	43
³⁾ = ⌣◯	안뜨기 3코 만들기	43
⤬	오른코 교차뜨기	44
⤬	왼코 교차뜨기	44
⤭	오른코 위 돌려 교차뜨기 (아래쪽 안뜨기)	44
⤭	오른코 교차뜨기(아래쪽 안뜨기)	45
⤭	왼코 교차뜨기(아래쪽 안뜨기)	45
⤭	왼코 위 돌려 교차뜨기 (아래쪽 안뜨기)	45
⤬	오른코 위 2코 교차뜨기	46
⤬	오른코 위 2코 교차뜨기 (중앙에 1코 넣기)	46
⤬	오른코에 꿴 교차뜨기 (왼코 속 교차뜨기)	46
⤬	왼코 위 2코 교차뜨기	47

STEP 3

인기가 많은 배색뜨기를 중심으로, 알아두면 유용한 여러 기법을 소개합니다. 작품으로는 무늬가 귀엽고 뜨기 쉬운 배색무늬 소품을 실었습니다.

대바늘 손뜨개 초보자도 뜰 수 있어요!

오버스커트
➡ 80쪽

코를 줄이거나 늘리지 않고 그대로 원형뜨기로 뜨는 오버스커트입니다. 작은 무늬가 반복되어 뜨기 쉽습니다.

북유럽 느낌을 물씬 풍기는 모자!

모자
➡ 82쪽

눈의 결정 무늬가 들어간 모자입니다. 2가지 색으로 뜨는 무늬가 고풍스러우면서도 멋스러워 보입니다.

임시가 나오는 깃이 디자인의 포인트!

핸드워머
➡ 84쪽

색색의 가는 실로 뜬 핸드워머입니다. 왕복뜨기로 뜬 후에 새끼손가락 쪽에서 '떠서 꿰매기'로 봉합하면 됩니다

STEP 4

Step 4에서는 옷에 도전합니다. 각 부분의 뜨개 조각을 이어 맞추어 한 벌의 의상을 완성하는 데 필요한 여러 기법을 알아봅니다.

인기 만점의 아란 무늬에 도전하세요!

풀오버
➡ 152쪽

기본 스타일의 아란무늬 풀오버입니다. 소매 달기를 연습하기에 알맞은 작품입니다. 라운드 네크라인의 목둘레는 무늬뜨기를 하면서 코를 줄여나가는 방법으로 뜹니다.

V 네크라인의 목둘레 단을 뜨는 방법도 자세히 나와 있어요!

V 네크라인 조끼
➡ 149쪽

비교적 쉽게 뜰 수 있는 기본 스타일의 조끼입니다. V 네크라인을 연습하는 데 알맞은 작품입니다. 전통적인 분위기를 자아내는 페어아일무늬도 함께 연습해 보세요.

주머니도 뜰 수 있어요!

카디건
➡ 153쪽

긴 아란무늬를 앞판에 떠 넣은 남성용 카디건입니다. 단춧구멍을 내면서 앞여밈단도 뜨고 주머니도 안쪽에 떠서 꿰매는 등 여러 기법을 연습할 수 있습니다.

기호	뜨개코 이름	페이지
✕	왼코 위 2코 교차뜨기 (중앙에 1코 넣기)	47
✕	왼코에 꿴 교차뜨기 (오른코 속 교차뜨기)	47
✕	오른코 위 2코와 1코 교차뜨기	48
✕	왼코 위 2코와 1코 교차뜨기	48
⌒2	드라이브뜨기(2회)	48
✕	오른코 위 2코와 1코 교차뜨기 (아래쪽 안뜨기)	49
✕	왼코 위 2코와 1코 교차뜨기 (아래쪽 안뜨기)	49
⌒3	드라이브뜨기(3회)	49
⋃	끌어올려뜨기(2단일 때)	50
⋃	끌어올려 안뜨기(2단일 때)	50
	영국 고무뜨기 (양면 끌어올려뜨기)	50
	영국 고무뜨기 (겉뜨기 끌어올려뜨기)	51
	영국 고무뜨기 (안뜨기 끌어올려뜨기)	51
3	3코 3단 구슬뜨기	52
5	5코 5단 구슬뜨기	52
⬭	긴뜨기 3코 구슬뜨기 (사슬 2코의 기둥코)	53
⬭	긴뜨기 3코 구슬뜨기	53
↑3	4단 끌어올려 3코 구슬뜨기 (또는 4단 끌어올려 중심 3코 모아뜨기)	54

기호	뜨개코 이름	페이지
⊃ ○ ⊢	오른코에 꿴 매듭뜨기 (3코일 때)	54
⊣ ⊢	오른쪽으로 빼낸 매듭뜨기 (3코일 때)	55
⊃ ⊣	왼쪽으로 빼낸 매듭뜨기 (3코일 때)	55
⊔ ○ ⊃	왼코에 꿴 매듭뜨기(3코일 때)	55
V	걸러뜨기(1단일 때)	56
⩔	걸쳐뜨기(1단일 때)	56
⊣3⊢	3회 감아 매듭뜨기	56
V	걸러 안뜨기(1단일 때)	57
⩔	걸쳐 안뜨기(1단일 때)	57
✕	왼코 위 3코 교차뜨기	60
✕	오른코 위 3코 교차뜨기	60
Ω⊢	1코에 2코 떠 넣어 코 늘리기 (겉뜨기)	112
Ω⊢	1코에 2코 떠 넣어 코 늘리기 (안뜨기)	112

뜨개 기호 일람표를 활용하는 방법

이 일람표를 완전히 펼치면 책을 덮은 상
태에서도 뜨개 기호를 확인할 수 있습니
다. 뜨개 도안을 보면서 작품을 뜰 때 이
일람표를 펼쳐 활용하시기 바랍니다. 다른
책의 작품을 뜰 때도 이 책을 옆에 두면
유용합니다.

Contents

대바늘 손뜨개의 뜨개 기호 일람표 ——— 2·7
이 책에 실린 기법으로 뜰 수 있는 여러 작품 ——— 3

STEP 1

대바늘 손뜨개의 기초 ——— 11

대바늘 손뜨개를 시작하기 전에

대바늘에 관하여 ——— 12
그 밖의 도구 ——— 13
실에 관하여 ——— 14

자, 시작해봅시다!

실타래에서 실 끝 찾기 ——— 16
기초코 ——— 16
손가락으로 만드는 기초코 ——— 16
별도사슬로 만드는 기초코 ——— 18
공사슬로 만드는 기초코 ——— 19
원형뜨기의 기초코 ——— 20
이럴 때는? 경계에 있는 코가 자꾸 느슨해져요 ——— 21
콧수가 많을 때는 줄바늘을 사용하자 ——— 21
기본적인 뜨개 기법 ——— 22
실을 거는 방법과 대바늘을 쥐는 방법 / 겉뜨기 / 안뜨기 ——— 22
올바른 뜨개코의 모양 기억하기 ——— 23
이럴 때는? 안뜨기가 잘 안 돼요! ——— 23
메리야스뜨기 ——— 24
이럴 때는? 도중에 코를 빠뜨렸어요! ——— 25
겉뜨기와 안뜨기로 뜨는 여러 가지 뜨개바탕 ——— 26
안메리야스뜨기 / 가터뜨기 / 고무뜨기 / 멍석뜨기 ——— 26
Point 기호도 보는 방법 / 뜨개코의 모양과 이름, 뜨개코를 세는 방법 — 27
코를 마무리하는 기본적인 방법 ——— 28
덮어씌우기 ——— 28
실을 바꾸는 방법 ——— 29

작품을 떠보자

머플러 뜨는 방법 / 술 장식 다는 방법 ——— 30·31
케이프 뜨는 방법 ——— 32·33

STEP 2

여러 가지 뜨개 기호와 뜨는 방법 ——— 34

걸기코 / 덮어씌우기 ——— 35
돌려뜨기 / 오른코 겹쳐 2코 모아뜨기 / 왼코 겹쳐 2코 모아뜨기 ——— 36
중심 3코 모아뜨기 / 오른코 겹쳐 3코 모아뜨기 / 왼코 겹쳐 3코 모아뜨기 38
오른코 겹쳐 4코 모아뜨기 / 왼코 겹쳐 4코 모아뜨기 / 중심 5코 모아뜨기 40
Point 구멍무늬의 구성 ——— 41
오른코 늘리기 / 왼코 늘리기 / 걸뜨기 3코 만들기 ——— 42
오른코 교차뜨기 / 왼코 교차뜨기 / 오른코 위 돌려 교차뜨기(아래쪽 안뜨기) /
왼코 위 돌려 교차뜨기(아래쪽 안뜨기) ——— 44
오른코 위 2코 교차뜨기 / 오른코 위 2코 교차뜨기(중앙에 1코 넣기) / 오른
코에 꿴 교차뜨기 ——— 46
왼코 위 2코 교차뜨기 / 왼코 위 2코 교차뜨기(중앙에 1코 넣기) / 왼코에 꿴
교차뜨기 ——— 47
오른코 위 2코와 1코 교차뜨기 / 왼코 위 2코와 1코 교차뜨기 / 드라이브
뜨기(2회 감기)·(3회 감기) ——— 48
끌어올려뜨기 / 영국 고무뜨기 ——— 50
3코 3단 구슬뜨기 / 5코 5단 구슬뜨기 ——— 52
긴뜨기 3코 구슬뜨기 ——— 53
4단 끌어올려 3코 구슬뜨기 / 오른코에 꿴 매듭뜨기 ——— 54
오른쪽으로 빼낸 매듭뜨기 / 왼쪽으로 빼낸 매듭뜨기 / 왼코에 꿴 매듭뜨기 55
걸러뜨기 / 걸쳐뜨기 / 3회 감아 매듭뜨기 ——— 56
Point 무늬뜨기의 기호도 보는 방법 ——— 57

작품을 떠보자

레그워머 뜨는 방법 / 왼코 위 3코 교차뜨기 / 오른코 위 3코 교차뜨기 58·60
모자 뜨는 방법 ——— 59·61
조끼 뜨는 방법 ——— 62·63

STEP 3

대바늘 손뜨개가 재미있어지는
여러 가지 기법 ——— 64

게이지에 관하여 ——————————— 65

줄무늬와 배색뜨기

가로줄무늬 ——————————————— 66

세로줄무늬 ——————————————— 67

실을 가로로 걸치는 배색뜨기 ——————— 68

이럴 때는? 걸치는 실이 길어서 뜨기 불편해요 —— 69

걸치는 실을 감아 뜨는 배색뜨기 —————— 70

실을 세로로 걸치는 배색뜨기 ——————— 72

메리야스자수 —————————————— 75

방울 만드는 방법 ———————————— 75

단춧구멍 뜨는 방법 ——————————— 76

단추 다는 방법 ————————————— 76

주머니 뜨는 방법 ———————————— 78

끈 뜨는 방법 —————————————— 79

작품을 떠보자

오버스커트 뜨는 방법 ————————— 80·81

모자 뜨는 방법 ————————————— 82·83

핸드워머 뜨는 방법 ——————————— 84·85

STEP 4

옷을 뜨는 방법 ——— 86

옷을 뜨기 전에

각 부분의 명칭과 뜨는 순서 ——————— 87

뜨개 도안과 기호도 보는 방법 ——————— 88

평균 계산 부분을 뜨는 방법 ——————— 91

고무뜨기의 기초코

별도사슬로 만드는 1코 고무뜨기의 기초코 —— 92

별도사슬 푸는 방법 ——————————— 95

별도사슬로 만드는 2코 고무뜨기의 기초코 —— 96

손가락으로 만드는 1코 고무뜨기의 기초코 —— 98

코 줄이기

가장자리 1코 세워서 코 줄이기 —————— 100

가장자리 2코 세워서 코 줄이기 / 분산하여 코 줄이기 —— 101

덮어씌우기 ——————————————— 102

진동둘레 뜨는 방법 —————————— 102

라운드 네크라인 뜨는 방법 ——————— 105

Point 무늬는 1단 아래에 생긴다? −뜨개코의 구성− —— 106

V 네크라인 뜨는 방법 ————————— 107

코 늘리기

돌려뜨기로 코 늘리기 ————————— 108

오른코 늘리기·왼코 늘리기 ——————— 108

걸기코와 돌려뜨기로 코 늘리기 / 분산하여 코 늘리기 —— 110

감아코로 코 늘리기 —————————— 111

이렇게 코를 늘리는 방법도 있습니다 ——— 112

균등하게 코를 증감하는 방법 ————— 112

되돌아뜨기

남겨 되돌아뜨기(겉뜨기) ———————— 114

Point 걸기코 대신 단코표시핀을 사용하는 방법 —— 117

남겨 되돌아뜨기(안뜨기) ———————— 118

늘려 되돌아뜨기(겉뜨기) ———————— 120

늘려 되돌아뜨기(안뜨기) ———————— 122

여러 가지 뜨개코의 코마무리

고무뜨기의 코마무리 ———————————— 124

1코 고무뜨기의 코마무리 ——————————— 124

2코 고무뜨기의 코마무리 ——————————— 126

이럴때는? 고무뜨기의 코마무리 도중에 실을 어떻게 이어야 할까요? — 128

휘감아 코마무리 ———————————————— 128

조여서 코마무리 ———————————————— 128

잇는 방법

돗바늘을 사용하는 방법 ——————————— 129

메리야스 잇기 ————————————————— 129

안메리야스 잇기 ———————————————— 130

가터 잇기 / 코와 단 잇기 —————————— 131

휘감아 잇기(감침질로 잇기) ————————— 132

코바늘을 사용하는 방법 ——————————— 132

빼뜨기 잇기 —————————————————— 132

덮어씌워서 잇기 ——————————————— 133

꿰매는 방법

떠서 꿰매기 —————————————————— 134

메리야스뜨기 ————————————————— 134

가터뜨기 ———————————————————— 135

1코 고무뜨기 ————————————————— 136

2코 고무뜨기 ————————————————— 137

안메리야스뜨기 ——————————————— 138

이럴때는? 꿰매는 실이 부족해지면 어떻게 잇나요? —— 138

빼뜨기로 꿰매기 / 반박음질로 꿰매기 ———— 139

실을 나누는 방법 ——————————————— 139

이럴때는? 돗바늘에 실이 안 들어가요 ———— 139

코줍기

별도사슬의 기초코에서 코줍기 ——————— 140

손가락으로 만드는 기초코에서 코줍기 / 덮어씌운 코에서 코줍기 141

단에서 코줍기 / 사선이나 곡선에서 코줍기 —— 142

라운드 네크라인에서 코줍기 ————————— 143

V 네크라인에서 코를 주워 뜨는 방법 ———— 144

폴로 칼라에서 코를 주워 뜨는 방법 ————— 145

소매 달기

세트인 슬리브 / 래글런 슬리브 ——————— 146

스퀘어 슬리브 ———————————————— 147

다림질하는 방법 ——————————————— 148

사이즈를 쉽게 조절하는 방법 / 다른 실로 뜨고 싶을 때 실을 고르는 요령

———————————————————————— 148

작품을 떠보자

V 네크라인 조끼 뜨는 방법 —————— 149·150

풀오버 뜨는 방법 —————————— 152·154

카디건 뜨는 방법 —————————— 153·156

색인 ——————————————————————— 158

이 책에서 사용한 실 ———————————— 159

＊ 일러두기

- 이 책은 2011년에 발행된 《쉽게 배우는 대바늘 손뜨개의 기초》에 새로운 작품과 기법을 더한 개정증보판입니다.

- 이 책에 실린 작품을 복제하거나 판매하는 행위는 금지합니다. 손뜨개를 배우고 익히는 데에만 이용하시기 바랍니다.

- 이 책에 실린 '뜨개코 일러스트'는 일본보그사에 저작권이 있습니다. 불법 복제와 무단 사용을 금합니다.

- 이 책에 실린 설명 사진에서는 클로버사(Clover)의 수예 제품과 하마나카주식회사 리치모어(RichMore) 영업부 SPECTRE MODEM 실을 사용했습니다.

STEP 1

대바늘 손뜨개의 기초

대바늘을 잡는 방법과 실을 거는 방법부터 알아보는 기초 단계입니다.
코를 시작하는 방법과 마무리하는 방법, 겉뜨기와 안뜨기도 함께 알아봅니다.
여기에 실린 기법들은 대바늘로 뜨는 모든 작품에 사용되는 기본 기법이므로
확실하게 익혀두어야 합니다.

대바늘 손뜨개를 시작하기 전에

준비편

대바늘에 관하여

대바늘의 굵기는 지름의 크기에 따라 0호, 1호, 2호와 같이 호수로 표시합니다. 호수가 클수록 바늘이 굵어집니다. 15호보다 굵은 바늘은 점보바늘이라 부르며, ㎜로 굵기를 나타냅니다.
대바늘의 종류에는 2개짜리 한쪽 막힘 바늘과 양쪽이 뾰족한 4개짜리 양면 바늘·5개짜리 양면 바늘,
짧은 바늘 2개가 나일론 줄로 연결된 줄바늘(둘레바늘)이 있습니다.
대바늘의 소재로는 대나무나 플라스틱, 금속 등을 사용합니다.
(우리나라에서는 0.5㎜ 단위의 유럽식 바늘 호수를 주로 사용합니다–역주)

대바늘의 종류

2개짜리 한쪽 막힘 바늘

왕복으로 뜰 때 사용합니다. 바늘에서 코가 빠지는 것을 막기 위해 한쪽이 막힌 모양입니다. 작은 작품을 뜰 때는 짧은 바늘을 사용하기도 합니다.

5개짜리 양면 바늘·4개짜리 양면 바늘

원형으로 뜰 때나 콧수가 많아서 바늘 1개에 뜨개코가 다 걸리지 않을 때 사용합니다. 양쪽으로 뜰 수 있으며 바늘 끝에 마개를 씌우면 2개짜리 바늘로 사용할 수도 있습니다. 길이가 짧은 바늘도 있습니다.

줄바늘

원형으로 뜰 때 사용합니다. 바늘 뒤쪽으로 코가 빠질 염려가 없어서 왕복뜨기에도 편리하게 사용할 수 있습니다. 많이 쓰는 길이에는 40㎝, 60㎝, 80㎝가 있고, 120㎝나 23㎝의 바늘도 있습니다.

대바늘의 종류

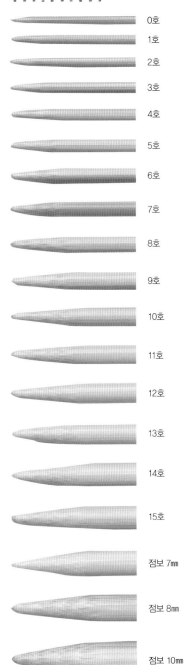

	0호
	1호
	2호
	3호
	4호
	5호
	6호
	7호
	8호
	9호
	10호
	11호
	12호
	13호
	14호
	15호
	점보 7mm
	점보 8mm
	점보 10mm
	점보 12mm

그 밖의 도구

대바늘 손뜨개를 할 때 꼭 필요한 돗바늘과 가위를 비롯하여 함께 가지고 있으면 편리한 도구들을 소개합니다.

돗바늘
코를 잇거나 꿰맬 때, 실 끝을 정리할 때, 수를 놓을 때 사용합니다. 바늘이 얇고 끝이 뭉툭해서 실과 실 사이를 쉽게 통과할 수 있으며 바늘귀가 커서 실을 꿰기가 편리합니다.

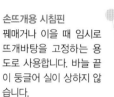

손뜨개용 시침핀
꿰매거나 이을 때 임시로 뜨개바탕을 고정하는 용도로 사용합니다. 바늘 끝이 둥글어 실이 상하지 않습니다.

손뜨개용 마무리핀
뜨개바탕을 다림질 판에 고정할 때 사용하는 핀입니다.

콧수링
원형뜨기에서 단의 경계를 표시하거나 무늬뜨기에서 위치를 표시할 때 주로 사용합니다. 대바늘에 끼워서 사용합니다.

대바늘 마개
대바늘 끝에 끼우면 코가 빠지지 않습니다.

단코표시핀(잠금식)·단수링(고리식)
단수를 표시할 때 사용합니다. 단코표시핀(왼쪽)은 뜨개바탕에서 쉽게 빠지지 않는 안전한 잠금식이며, 콧수링으로도 사용할 수 있습니다.

줄자
뜨개바탕의 크기를 확인할 때 사용합니다.

풀림막음핀(안전핀·코막음핀)
코를 잠시 잡아둘 때 사용합니다. 마개가 양쪽으로 열려서 대바늘처럼 사용할 수 있는 핀(왼쪽)이 편리합니다.

배색용 실패(보빈)
여러 종류의 실로 무늬를 뜰 때 각각의 실을 이 실패에 감아두면 편리합니다. 실패에 난 홈에 실 끝을 끼워둡니다.

가위
끝이 뾰족하고 날이 잘 드는 수예용 가위가 좋습니다.

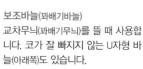

보조바늘(꽈배기바늘)
교차무늬(꽈배기무늬)를 뜰 때 사용합니다. 코가 잘 빠지지 않는 U자형 바늘(아래쪽)도 있습니다.

코바늘
기초코, 꿰매기, 잇기, 구슬뜨기 등에 사용합니다. 코바늘도 대바늘과 마찬가지로 크기가 다양하므로 실의 굵기에 따라 크기를 선택합니다.

대바늘·도구(가위 제외) / 일본 클로버사

실에 관하여

실의 종류는 매우 다양합니다. 실은 양모(Wool), 면(Cotton), 마(Linen)와 같이 소재로 나누기도 하고, 스트레이트 얀, 루프 얀, 모헤어 얀, 트위드 얀, 로빙 얀과 같이 실의 모양으로 나누기도 합니다.

초보자가 다루기 쉬운 실은 병태사나 극태사 정도 굵기의 스트레이트 얀이지만, 작품을 뜬다면 곧은 실에 가까우면서도 독특한 질감을 느낄 수 있는 트위드 얀도 좋습니다. 손뜨개에 익숙하지 않은 단계에서는 뜨개코의 크기가 들쭉날쭉하게 되는데, 이때 독특한 질감의 실을 사용하면 이러한 단점을 보완할 수 있습니다.

반대로 모헤어처럼 털이 긴 실은 엉키기 쉬우므로 주의해야 합니다. 또한 스트레이트 얀이라도 굵기가 가늘면 뜨는 데 속도가 붙지 않아 완성하기까지 시간이 걸리기도 합니다. 이러한 실들은 손뜨개에 어느 정도 익숙해진 후에 도전하는 것이 좋습니다.

실의 굵기와 바늘의 굵기

(실)	(바늘)
	극세사 / 0~1호
	합세사 / 1~3호
	중세사 / 3~5호
	합태사 / 4~5호
	병태사 / 6~8호
	극태사 / 9~15호
	초극태사 / 점보바늘

※ 사진은 실물 크기입니다.

라벨 보는 방법

실타래에 붙어 있는 라벨에는 그 실에 관한 정보가 모두 담겨 있습니다. 작품을 완성할 때까지 버리지 말고 보관하는 것이 좋습니다.

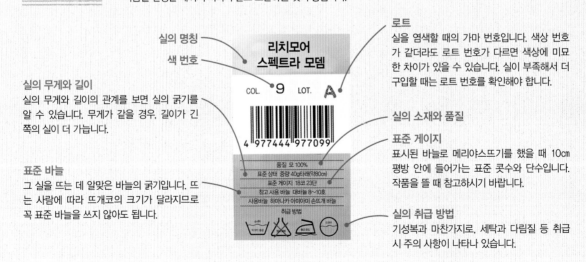

로트
실을 염색할 때의 가마 번호입니다. 색상 번호가 같더라도 로트 번호가 다르면 색상에 미묘한 차이가 있을 수 있습니다. 실이 부족해서 더 구입할 때는 로트 번호를 확인해야 합니다.

실의 명칭
색 번호

리치모어
스펙트라 모뎀

COL. 9 LOT. A

실의 무게와 길이
실의 무게와 길이의 관계를 보면 실의 굵기를 알 수 있습니다. 무게가 같을 경우, 길이가 긴 쪽의 실이 더 가늡니다.

실의 소재와 품질

표준 게이지
표시된 바늘로 메리야스뜨기를 했을 때 10cm 평방 안에 들어가는 표준 콧수와 단수입니다. 작품을 뜰 때 참고하시기 바랍니다.

표준 바늘
그 실을 뜨는 데 알맞은 바늘의 굵기입니다. 뜨는 사람에 따라 뜨개코의 크기가 달라지므로 꼭 표준 바늘을 쓰지 않아도 됩니다.

실의 취급 방법
기성복과 마찬가지로, 세탁과 다림질 등 취급 시 주의 사항이 나타나 있습니다.

4 977444 977099

품질	모 100%
표준 상태	중량 40g타래(약80cm)
표준 게이지	18코 23단
참고 사용 바늘	대바늘 8~10호
사용바늘	하마나카 아미아미 손뜨개 바늘

취급 방법

여러 실의 느낌

똑같은 뜨개바탕을 뜨더라도 실의 굵기나 질감에 따라 느낌이 달라집니다.

단염색 릴리 얀(8호)

모헤어(4호)

스트레이트 얀(6호)

트위드(9호)

모헤어(8호)

스트레이트 얀(5호)

스트레이트 얀(4호)

모헤어(3호)

루프 얀(11호)

슬러브 얀(9호)

모헤어(7호)

자, 시작해봅시다!

실타래에서 실 끝 찾기

라벨의 위나 아래를 가만히 잡고 실타래 속에서 실 끝을 찾아 그대로 뽑아냅니다. 만약 실끝이 보이지 않으면 타래 속 실뭉치를 꺼내어 그 안에서 실 끝을 찾습니다. 실타래 바깥쪽에 있는 실 끝으로 뜨기 시작하면 뜨개바탕을 뜨는 동안 실타래가 회전하여 뜨는 데 방해가 됩니다. 실은 반드시 타래 속에서 뽑아야 합니다.

라벨이 실타래의 중심을 통과하는 도넛 모양의 실타래를 사용할 때는 라벨을 벗기고 나서 타래 속에서 실 끝을 찾아냅니다. 라벨에는 실에 관한 모든 정보가 적혀 있으므로 버리지 말고 보관해두어야 합니다.

기초코

대바늘 손뜨개를 시작하기 위한 첫 코를 '기초코(시작코)'라고 부릅니다. 이 책에서는 기초코를 만드는 4가지 방법을 알아봅니다.

손가락으로 만드는 기초코(일반코 잡기)

가장 많이 사용하는 기본적인 기초코입니다. 신축성이 있으며 여러 가지 뜨개바탕에 이용할 수 있습니다.

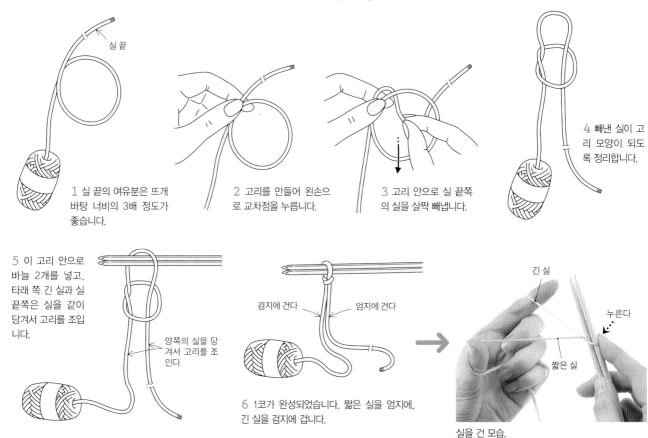

실 끝

1 실 끝의 여유분은 뜨개바탕 너비의 3배 정도가 좋습니다.

2 고리를 만들어 왼손으로 교차점을 누릅니다.

3 고리 안으로 실 끝쪽의 실을 살짝 빼냅니다.

4 빼낸 실이 고리 모양이 되도록 정리합니다.

5 이 고리 안으로 바늘 2개를 넣고, 타래 쪽 긴 실과 실 끝쪽은 실을 같이 당겨서 고리를 조입니다.

양쪽의 실을 당겨서 고리를 조인다

검지에 건다   엄지에 건다

6 1코가 완성되었습니다. 짧은 실을 엄지에, 긴 실을 검지에 겁니다.

긴 실

누른다

짧은 실

실을 건 모습.

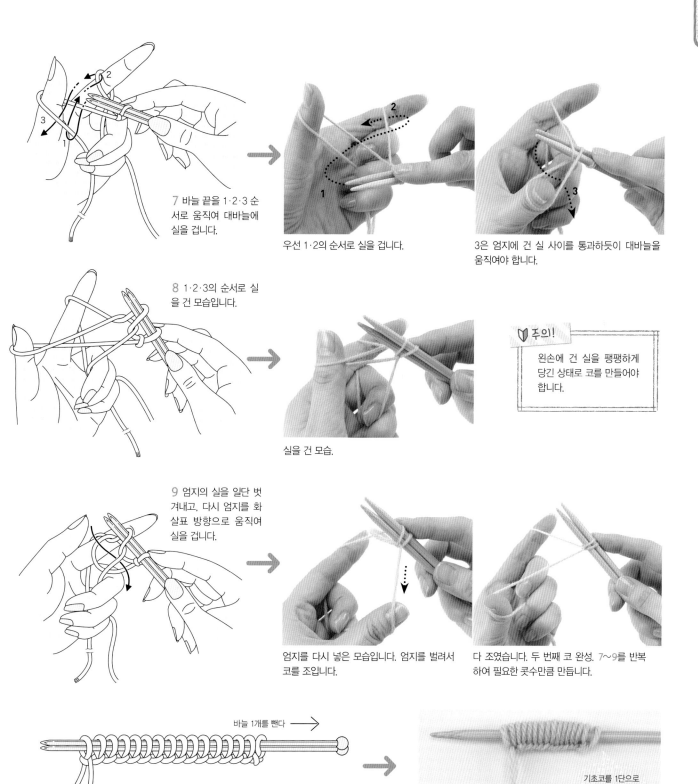

7 바늘 끝을 1·2·3 순서로 움직여 대바늘에 실을 겁니다.

우선 1·2의 순서로 실을 겁니다.

3은 엄지에 건 실 사이를 통과하듯이 대바늘을 움직여야 합니다.

8 1·2·3의 순서로 실을 건 모습입니다.

실을 건 모습.

주의!

왼손에 건 실을 팽팽하게 당긴 상태로 코를 만들어야 합니다.

9 엄지의 실을 일단 벗겨내고, 다시 엄지를 화살표 방향으로 움직여 실을 겁니다.

엄지를 다시 넣은 모습입니다. 엄지를 벌려서 코를 조입니다.

다 조였습니다. 두 번째 코 완성. 7~9를 반복하여 필요한 콧수만큼 만듭니다.

바늘 1개를 뺀다 →

10 필요한 콧수만큼 만들었습니다. 대바늘 1개를 뺍니다.

기초코를 1단으로 계산해요!

손가락으로 만드는 기초코가 완성되었습니다.

17

별도사슬로 만드는 기초코

스웨터의 밑단이나 소매단처럼 뜨개바탕을 먼저 떠놓고 그 반대 방향으로도 떠야 할 때 사용하는 기초코입니다. 코바늘로 만들며, 뜨개바탕을 완성한 후에 풀어내야 하므로 실제 작품에 사용하는 실과 다른 색깔의 실로 뜹니다.

주의!

별도사슬은 조금 느슨하게 떠야 합니다. 별도사슬에 사용하는 실은 보풀이 일어나지 않는 매끄러운 실이 좋습니다. 만약 울로 된 실을 사용한다면 실제 작품을 뜨는 실과 비슷한 색깔의 실을 사용해야 뜨개바탕에 털이 남더라도 눈에 띄지 않게 됩니다.

실을 거는 방법과 코바늘을 쥐는 방법

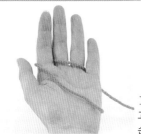

1 실 끝을 앞에 두고, 사진과 같이 왼손에 실을 겁니다.

2 실 끝 부분을 엄지와 중지로 잡고, 검지를 벌려서 실을 팽팽하게 당깁니다.

코바늘은 엄지와 검지로 가볍게 쥐고, 중지를 자연스럽게 바늘에 댑니다. 바늘 끝은 아래쪽을 향하게 쥡니다.

별도사슬 뜨기   ※ 실제로 뜨는 실과 다른 실로 떠야 합니다.

1 코바늘을 실 뒤쪽에 대고 화살표와 같은 방향으로 빙 돌립니다.

엄지와 중지로 누른다

2 실이 교차하는 부분을 손가락으로 눌러 잡고 코바늘에 실을 겁니다.

실을 건 모습.

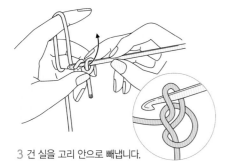

3 건 실을 고리 안으로 빼냅니다.

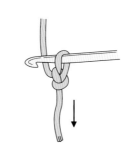

4 실 끝을 당겨 고리를 조입니다.

고리를 조인 모습.

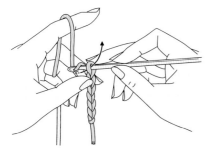

5 코바늘에 실을 걸어 고리로 빼내는 과정을 반복합니다. 사슬의 개수는 필요한 콧수보다 조금 많아야 합니다.

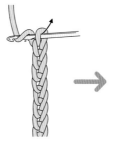

6 마지막에는 한 번 더 실을 걸어 빼냅니다.

자른다

실을 빼내면 그대로 코바늘을 당겨 올립니다. 실은 적당한 길이로 자릅니다.

별도사슬을 완성한 모습.

별도사슬의 코산 줍기

※실제로 뜨는 실을 사용합니다.

겉쪽

안쪽

코산

뜨기 시작   뜨기 끝

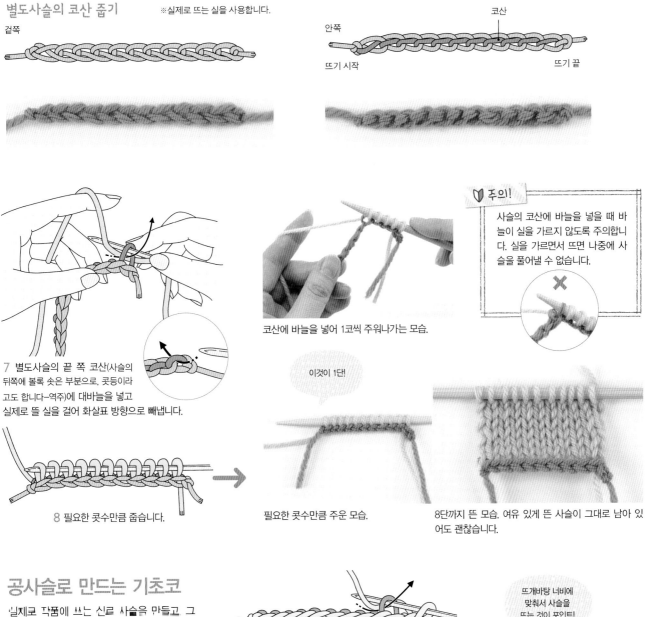

7 별도사슬의 끝 쪽 코산(사슬의 뒤쪽에 볼록 솟은 부분으로, 콧등이라 고도 합니다-역주)에 대바늘을 넣고 실제로 뜰 실을 걸어 화살표 방향으로 빼냅니다.

코산에 바늘을 넣어 1코씩 주워나가는 모습.

이것이 1단!

주의!

사슬의 코산에 바늘을 넣을 때 바늘이 실을 가르지 않도록 주의합니다. 실을 가르면서 뜨면 나중에 사슬을 풀어낼 수 없습니다.

8 필요한 콧수만큼 줍습니다.

필요한 콧수만큼 주운 모습.

8단까지 뜬 모습. 여유 있게 뜬 사슬이 그대로 남아 있어도 괜찮습니다.

공사슬로 만드는 기초코

실제로 작품에 쓰는 실로 사슬을 만들고 그 사슬을 풀지 않고 그대로 뜨개바탕의 끝단으로 이용합니다. 덮어씌우기를 한 뜨개코와 모양이 똑같습니다.

1 코바늘로 필요한 콧수만큼 사슬을 뜨고, 마지막 코를 대바늘로 옮깁니다. 옮긴 코가 첫 번째 코입니다.

2 사슬의 둘째 코산에 대바늘을 넣어 화살표 방향으로 실을 걸어 빼냅니다. 이렇게 하면 뜨개바탕의 모서리가 잘 살아납니다.

3 1개의 코산에서 1코씩 주워나갑니다. 줍고 있는 단을 1단으로 셉니다.

뜨개바탕 너비에 맞춰서 사슬을 뜨는 것이 포인트!

8단까지 뜬 모습.

19

원형뜨기의 기초코(원형코 잡기)

모자나 장갑처럼 뜨개바탕을 원형으로 뜰 때 자주 사용하는 기초코입니다.
4개짜리 양면 바늘, 5개짜리 양면 바늘, 줄바늘 중에서 편한 바늘을 선택합니다.

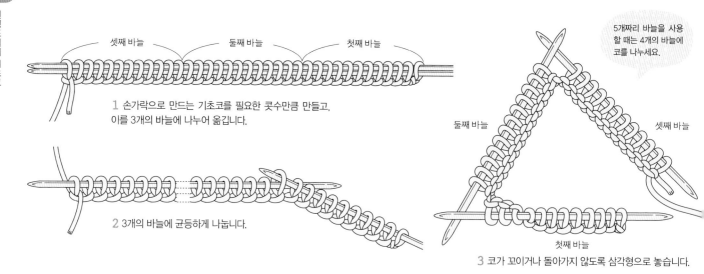

셋째 바늘   둘째 바늘   첫째 바늘

1 손가락으로 만드는 기초코를 필요한 콧수만큼 만들고,
이를 3개의 바늘에 나누어 옮깁니다.

2 3개의 바늘에 균등하게 나눕니다.

5개짜리 바늘을 사용할 때는 4개의 바늘에 코를 나누세요.

둘째 바늘   셋째 바늘

첫째 바늘

3 코가 꼬이거나 돌아가지 않도록 삼각형으로 놓습니다.

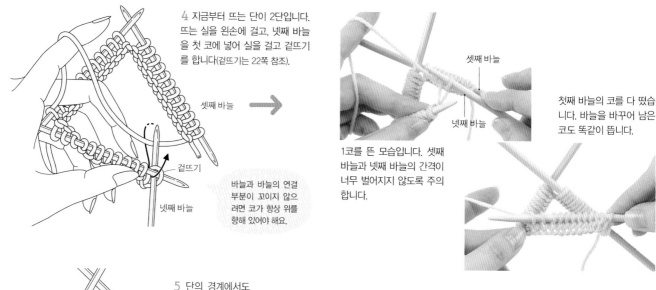

4 지금부터 뜨는 단이 2단입니다.
뜨는 실을 왼손에 걸고, 넷째 바늘
을 첫 코에 넣어 실을 걸고 겉뜨기
를 합니다(겉뜨기는 22쪽 참조).

셋째 바늘

겉뜨기

넷째 바늘

바늘과 바늘의 연결
부분이 꼬이지 않으
려면 코가 항상 위를
향해 있어야 해요.

셋째 바늘

넷째 바늘

1코를 뜬 모습입니다. 셋째
바늘과 넷째 바늘의 간격이
너무 벌어지지 않도록 주의
합니다.

첫째 바늘의 코를 다 떴습니
다. 바늘을 바꾸어 남은
코도 똑같이 뜹니다.

5 단의 경계에서도
마찬가지로 바늘을
바꾸어 계속해서 원
형으로 뜹니다.

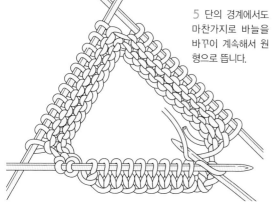

별도사슬의 기초코도 마찬가지

별도사슬로 만든 기초코 역시 원형으로 뜰 때는 여러 개의 바늘에 코를
균등하게 나누어놓고 코가 꼬이지 않도록 주의하며 둥글게 뜹니다.

셋째 바늘   둘째 바늘   첫째 바늘

경계에 있는 코가
자꾸 느슨해져요

계속 같은 자리에서 바늘을 바
꾸면 그 경계가 느슨해지면서
마치 무늬가 들어간 것처럼 보
입니다. 경계 부분이 느슨해질
것 같으면 몇 코씩 옮겨가면서
바늘을 바꾸어야 합니다.

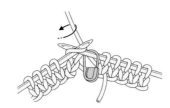

1 2단을 다 뜨면 단코표시핀(또는 콧
수링)을 걸고 몇 코를 더 뜹니다.

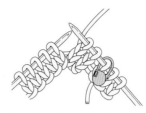

2 2코를 더 뜬 모습입니다. 이 상
태에서 바늘을 바꿉니다.

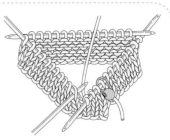

3 '조금 더 뜨고 바늘 바꾸기'를 반
복합니다. 단코표시핀이 있는 곳까지
뜨면 1단이 완성됩니다.

콧수가 많을 때는 줄바늘을 사용하자

줄바늘

1 일반 바늘로 기초코를 만들고 나서 줄바늘에 코
를 옮깁니다.

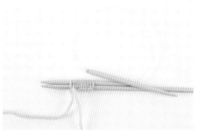

1★ 줄바늘 1개와 대바늘 1개로 기초코를 만들고
나서 대바늘을 빼도 됩니다.

2 줄바늘에 기초코를 옮긴 모습입니다.

3 줄 바늘에 단코표시핀을 넣은 후 2단을 뜨기 시
작합니다.

4 5코를 뜬 모습입니다. 계속해서 뜹니다.

5 2단을 완성했습니다. 단코표시핀을 옮겨가며 원
형으로 계속 뜹니다.

6 줄바늘로 뜨면 바늘을 바꾸는 수고도 덜 수 있
고, 경계가 없어서 깔끔하게 뜰 수 있습니다.

┌─ 줄바늘을 이렇게 사용할 수도 있어요! ─┐

겉과 안을 번갈아가
며 뜨는 왕복뜨기에
서도 줄바늘을 사용
할 수 있습니다. 콧수
가 많아서 1개의 대
바늘에 다 걸리지 않
을 때도 줄바늘을 이
용하면 편리합니다.

뜨개바탕을 한쪽 바늘로 밀어놓고
다른 쪽 바늘로 뜹니다.

뜨개바탕이 가운데로 몰려서 코가
빠지지 않습니다.

기본적인 뜨개 기법

대바늘 손뜨개에서 가장 기본이 되는 뜨개 기법은 '겉뜨기'와 '안뜨기'입니다.
겉뜨기와 안뜨기는 동전의 양면과 같아서 겉뜨기를 안쪽에서 보면 안뜨기로 보이고, 안뜨기를 안쪽에서 보면 겉뜨기로 보입니다.

실을 거는 방법과 대바늘을 쥐는 방법

이렇게 쥐는
방법도 있어요.

실을 왼손에 거는 방법(프랑스식)입니다. 실은 느슨하지 않게 당기고, 대바늘은 가볍게 쥡니다. 이 책에서는 그림과 사진을 이용해서 이 방법으로 설명하고 있습니다. (우리나라에서는 미국식으로 쥐는 경우가 더 흔합니다-역주)

왼손에 걸린 실이 약지와 소지 사이를 지납니다.

실을 오른손에 거는 방법(미국식)입니다.

☐ 겉뜨기 (☐=겉뜨기를 나타내는 기호)

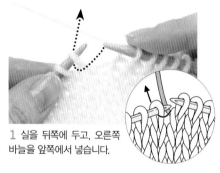

1 실을 뒤쪽에 두고, 오른쪽 바늘을 앞쪽에서 넣습니다.

2 실을 걸어 앞으로 빼냅니다.

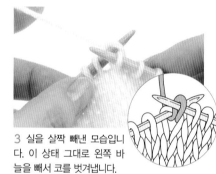

3 실을 살짝 빼낸 모습입니다. 이 상태 그대로 왼쪽 바늘을 빼서 코를 벗겨냅니다.

☐ 안뜨기 (☐=안뜨기를 나타내는 기호)

4 겉뜨기를 하였습니다.

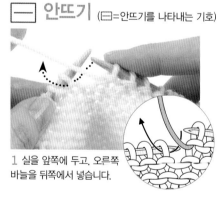

1 실을 앞쪽에 두고, 오른쪽 바늘을 뒤쪽에서 넣습니다.

2 바늘을 넣은 모습입니다.

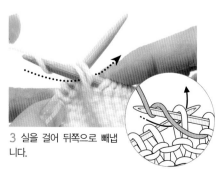

3 실을 걸어 뒤쪽으로 빼냅니다.

4 실을 살짝 빼낸 모습입니다. 이 상태 그대로 왼쪽 바늘을 빼서 코를 벗겨냅니다.

5 안뜨기를 하였습니다.

올바른 뜨개코의 모양 기억하기

겉뜨기

● 올바른 뜨개코

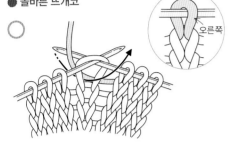

오른쪽

고리의 오른쪽 실이 바늘 앞에 오고, 고리의 뿌리 쪽이 열려 있습니다.

● 잘못된 뜨개코
꼬인 코
✕

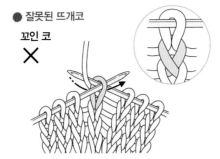

바늘을 넣은 방향이 잘못되어 앞단의 코가 꼬였습니다.

반대로 걸린 코
✕

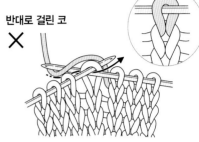

실을 거는 방법이 잘못되었습니다.

안뜨기

● 올바른 뜨개코

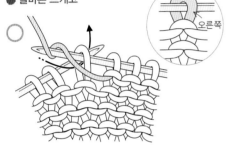

오른쪽

고리의 오른쪽 실이 바늘 앞에 오고, 고리의 뿌리 쪽이 열려 있습니다.

● 잘못된 뜨개코
반대로 걸린 코
✕

실을 거는 방법이 잘못되었습니다.

> 뜨는 도중에
> 바늘에서 코가 빠지면
> 뜨개코를 올바르게
> 다시 걸어주세요.

이럴 때는?

**안뜨기가
잘 안 돼요!**

실을 걸어서 빼내기가 어려우다면 왼손도 같이 움직임입니다. 왼손이 도우면 좀 더 쉽게 뜰 수 있습니다.

방법 1

오른쪽 바늘에 실을 걸면서,

왼손 중지나 검지로 걸린 실을 살짝 눌러가며 빼냅니다.

방법 2

또는 왼손을 앞으로 눕히면서 걸린 실을 빼냅니다.

🛡 주의!

실을 가르지 마세요!
실 사이로 바늘을 넣는 것을 '실을 가른다'고 합니다. 실을 갈라서 뜨게 되면 뜨개바탕이 울퉁불퉁하고 지저분해지므로 주의합니다.

실을 갈라서 바늘을 넣은 모습.

실을 걸 때 갈라진 모습.

 ✕

실을 갈라서 뜬 뜨개바탕.

메리야스뜨기

겉뜨기가 이어지는 뜨개바탕으로, 대바늘 손뜨개에서 가장 많이 쓰는 뜨개 기법입니다. 겉쪽에서 뜨는 단은 겉뜨기로, 안쪽에서 뜨는 단은 안뜨기로 떠야 합니다. 뜨개바탕의 가장자리가 돌돌 말리는 성질이 있습니다. 기호도를 보는 방법은 27쪽을 참조하세요.

기호도

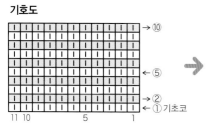

실제로 뜰 때

1 손가락으로 만드는 기초코를 11코 만듭니다.

2단(안을 보며 뜨는 단)

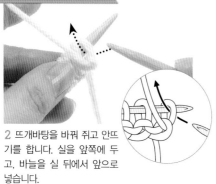

2 뜨개바탕을 바꿔 쥐고 안뜨기를 합니다. 실을 앞쪽에 두고, 바늘을 실 뒤에서 앞으로 넣습니다.

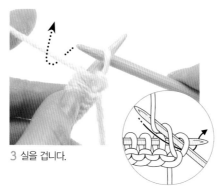

3 실을 겁니다.

4 건 실을 살짝 빼내고, 왼쪽 바늘을 빼서 코를 벗겨냅니다.

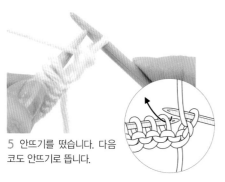

5 안뜨기를 떴습니다. 다음 코도 안뜨기로 뜹니다.

6 4코를 안뜨기로 뜬 모습입니다. 계속해서 안뜨기로 뜹니다.

7 2단을 다 떴습니다.

3단(겉을 보며 뜨는 단)

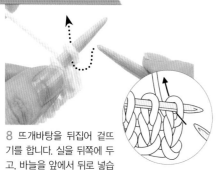

8 뜨개바탕을 뒤집어 겉뜨기를 합니다. 실을 뒤쪽에 두고, 바늘을 앞에서 뒤로 넣습니다.

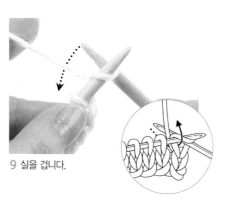

9 실을 겁니다.

10 건 실을 살짝 빼내고, 왼쪽 바늘을 빼서 코를 벗겨냅니다.

11 겉뜨기를 했습니다. 다음 코도 겉뜨기를 합니다.

12 4코를 겉뜨기로 뜬 모습입니다.

13 3단을 다 떴습니다.

안쪽

14 10단까지 뜬 모습입니다.

뜰 때는 오른쪽에서 왼쪽으로

대바늘 손뜨개는 항상 오른쪽에서 왼쪽으로, 아래쪽에서 위쪽으로 진행합니다. 1단을 뜰 때마다 뜨개바탕을 뒤집어서 겉과 안을 교대로 보며 떠야 합니다(왕복뜨기).

이럴 때는?

도중에 코를 빠뜨렸어요!

뜨는 도중에 코를 빠뜨렸거나 잘못 떴다는 사실을 뒤늦게 알아챘을 경우, 단순한 뜨개 기법으로 뜨는 중이었다면 쉽게 수정할 수 있습니다.

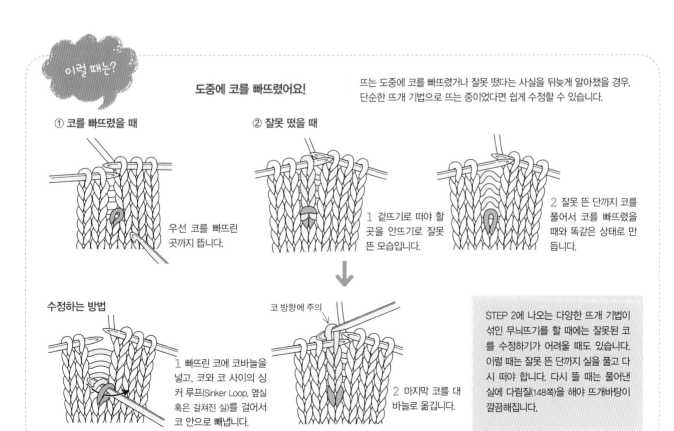

① 코를 빠뜨렸을 때

우선 코를 빠뜨린 곳까지 뜹니다.

② 잘못 떴을 때

1 겉뜨기로 떠야 할 곳을 안뜨기로 잘못 뜬 모습입니다.

2 잘못 뜬 단까지 코를 풀어서 코를 빠뜨렸을 때와 똑같은 상태로 만듭니다.

수정하는 방법

1 빠뜨린 코에 코바늘을 넣고, 코와 코 사이의 싱커 루프(Sinker Loop, 옆실 혹은 걸쳐진 실)를 걸어서 코 안으로 빼냅니다.

코 방향에 주의

2 마지막 코를 대바늘로 옮깁니다.

STEP 2에 나오는 다양한 뜨개 기법이 섞인 무늬뜨기를 할 때에는 잘못된 코를 수정하기가 어려울 때도 있습니다. 이럴 때는 잘못 뜬 단까지 실을 풀고 다시 떠야 합니다. 다시 뜰 때는 풀어낸 실에 다림질(148쪽)을 해야 뜨개바탕이 깔끔해집니다.

겉뜨기와 안뜨기로 뜨는 여러 가지 뜨개바탕

안메리야스뜨기

메리야스뜨기와는 반대로 안뜨기가 이어지는 뜨개바탕입니다. 겉쪽에서 뜨는 단은 안뜨기로, 안쪽에서 뜨는 단은 겉뜨기로 뜹니다. 뜨개바탕의 가장자리가 돌돌 말리는 성질이 있습니다.

기호도   **실제로 뜰 때**

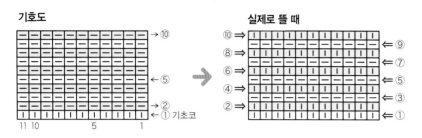
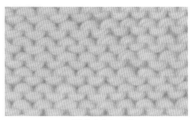

안메리야스뜨기

가터뜨기

겉뜨기와 안뜨기를 1단씩 교대로 뜨는 뜨개바탕입니다. 겉을 보고 뜨는 단과 안을 보고 뜨는 단 모두 겉뜨기로 뜹니다. 뜨개바탕이 두툼하고 옆으로 늘어나는 성질이 있어 손가락으로 만드는 기초코는 대바늘 1개로 만들어야 합니다.

기호도   **실제로 뜰 때**

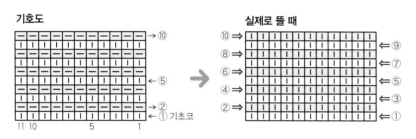
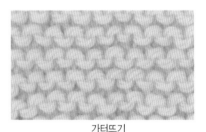

가터뜨기

고무뜨기

겉뜨기와 안뜨기를 코마다 번갈아가며 뜨는 뜨개바탕입니다. 신축성이 좋으며, 1코씩 교대로 뜨는 1코 고무뜨기와 2코씩 교대로 뜨는 2코 고무뜨기 등이 있습니다.

기호도   **실제로 뜰 때**

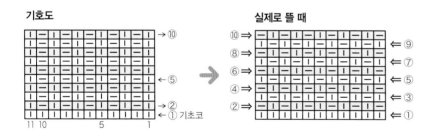
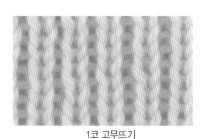

1코 고무뜨기

멍석뜨기

겉뜨기와 안뜨기를 코마다 번갈아가며 뜨는 뜨개바탕입니다. 1코 1단 멍석뜨기, 2코 2단 멍석뜨기 등이 있습니다. 뜨개바탕이 올록볼록해서 입체감이 있습니다.

기호도   **실제로 뜰 때**

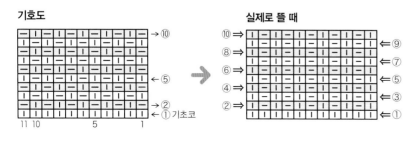
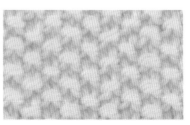

1코 1단 멍석뜨기

기호도 보는 방법

뜨개코를 기호로 나타낸 것이 '뜨개 기호'이고, 이 뜨개 기호의 조합을 나타낸 것이 '기호도'입니다.
기호도 안의 뜨개 기호는 뜨개바탕의 겉에서 본 뜨개코 모양을 나타내고, 화살표는 뜨는 방향을 말합니다.
오른쪽에서 왼쪽으로 진행하는 것이 겉을 보며 뜨는 단이고, 왼쪽에서 오른쪽으로 진행하는 것이 안을 보며 뜨는 단(초록색 칸)입니다.

메리야스뜨기의 기호도

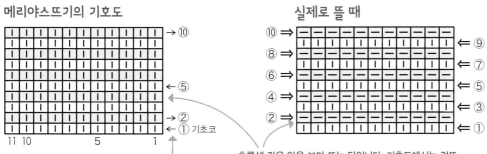

뜨는 방향을 나타냅니다.

실제로 뜰 때

초록색 칸은 안을 보며 뜨는 단입니다. 기호도에서는 겉뜨기로 표시되어 있지만 실제로는 안뜨기로 떠야 합니다.

원형뜨기의 기호도

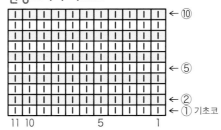

주의!

원형뜨기를 할 때는 기호도대로!
원형으로 뜰 때는 항상 겉을 보며 뜨게 되므로 기호도를 보면서 그대로 떠야 합니다. 기호도의 화살표 방향도 어느 단이든 오른쪽에서 왼쪽으로 진행하도록 표기되어 있습니다.

뜨개코의 모양과 이름, 뜨개코를 세는 방법

뜨개코의 모양
겉뜨기와 안뜨기의 1코·1단의 모양입니다.

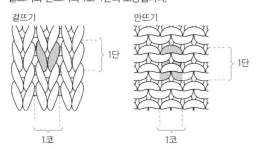

겉뜨기

안뜨기

1단

1단

1코

1코

뜨개코의 이름
대바늘에 걸려 있는 고리를 니들 루프(Needle Loop, 코)라고 부르고, 코와 코 사이에 걸쳐진 실을 싱커 루프라고 부릅니다.

니들 루프

싱커 루프

뜨개코를 세는 방법
1코·1단의 뜨개코를 가로로 셀 때 콧수가 몇 코라고 말하고, 세로로 셀 때 단수가 몇 단이라고 말합니다. 바늘에 걸린 코도 1단으로 셉니다.

단수

콧수

27

코를 마무리하는 기본적인 방법

대바늘에서 벗겨낸 코가 풀어지지 않도록 막는 것을 '코마무리(코막음)'라고 부릅니다. 여러 가지 방법이 있으니
쓰임에 따라 알맞은 방법을 선택합니다. 여기에서는 가장 많이 쓰는 '덮어씌우기'를 소개합니다.

덮어씌우기

뜨고 있던 실을 그대로 이용하여 대바늘로 코를 마무리하는 방법입니다.
신축성이 없어서 뜨개바탕의 너비가 고정되므로 너비가 너무 넓어지거나 좁아지지 않도록 주의해야 합니다.

겉뜨기에서의 덮어씌우기

1 겉뜨기를 2코 뜹니다.

2 왼쪽 바늘로 오른쪽 코를 왼쪽 코에 덮어씌웁니다.

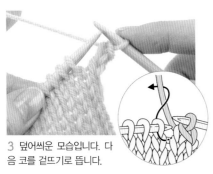

3 덮어씌운 모습입니다. 다음 코를 겉뜨기로 뜹니다.

4 다시 왼쪽 바늘로 오른쪽 코를 왼쪽 코에 덮어씌웁니다. 이어서 '겉뜨기를 1코 뜨고 덮어씌우기'를 반복합니다.

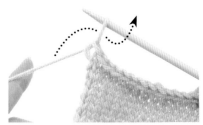

5 마지막에는 잘라낸 실 끝을 오른쪽 바늘의 코 안으로 넣어서 잡아당깁니다.

안뜨기에서의 덮어씌우기

1 안뜨기를 2코 뜹니다.

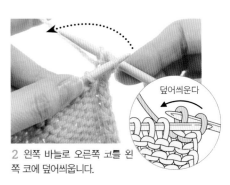

2 왼쪽 바늘로 오른쪽 코를 왼쪽 코에 덮어씌웁니다.

3 덮어씌운 모습입니다. 다음 코를 안뜨기로 뜹니다.

4 다시 오른쪽 코를 왼쪽 코에 덮어씌웁니다. '안뜨기를 1코 뜨고 덮어씌우기'를 반복합니다.

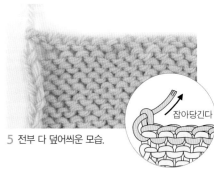

5 전부 다 덮어씌운 모습.

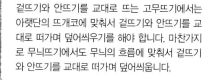

뜨개바탕에 맞게 덮어씌우기를 합니다

겉뜨기와 안뜨기를 교대로 뜨는 고무뜨기에서는 아랫단의 뜨개코에 맞춰서 겉뜨기와 안뜨기를 교대로 떠가며 덮어씌우기를 해야 합니다. 마찬가지로 무늬뜨기에서도 무늬의 흐름에 맞춰서 겉뜨기와 안뜨기를 교대로 떠가며 덮어씌웁니다.

1코 고무뜨기에서의 덮어씌우기

● ● ● ● ● ● ←

― | ― | ― | ― |

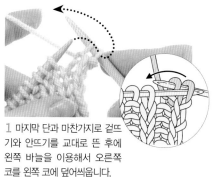

1 마지막 단과 마찬가지로 겉뜨기와 안뜨기를 교대로 뜬 후에 왼쪽 바늘을 이용해서 오른쪽 코를 왼쪽 코에 덮어씌웁니다.

2 덮어씌운 모습입니다. 다음 코는 겉뜨기코이므로 겉뜨기를 한 다음 1과 마찬가지로 덮어씌웁니다.

3 '안뜨기를 1코 뜨고 덮어씌우기, 겉뜨기를 1코 뜨고 덮어씌우기'를 마지막까지 반복합니다.

실을 바꾸는 방법

실을 바꾸는 방법에는 뜨개바탕의 가장자리에서 바꾸는 방법, 뜨개바탕의 중간에서 바꾸는 방법, 실을 서로 묶어서 바꾸는 방법이 있습니다. 이 중 뜨개바탕의 가장자리에서 바꾸는 방법은 매듭이 생기지 않아서 가장 깔끔해 보이는 방법입니다.

뜨개바탕의 가장자리에서 바꾸는 방법

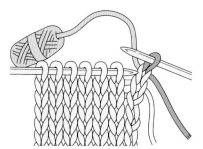

1 새 실을 가장자리의 첫째 코로 빼냅니다.

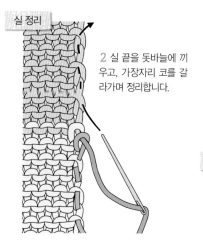

실 정리

2 실 끝을 돗바늘에 끼우고, 가장자리 코를 갈라가며 정리합니다.

실을 서로 묶는 방법

A   B

1 실B가 위에 놓이도록 실 두 가닥을 겹칩니다.

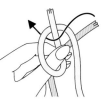

2 교차점을 누르고, 실 A로 만든 고리에 실B의 실 끝을 넣습니다.

3 실A의 오른쪽 아래 실을 당겨서 조입니다.

4 매듭이 뜨개바탕의 안쪽에 오도록 뜹니다. 매듭을 풀지 않은 상태로 실 끝을 정리합니다.

뜨개바탕 중간에서 바꾸는 방법

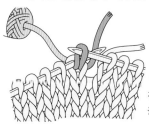

1 실 끝을 10cm 정도 남기고 새 실을 걸어 뜹니다.

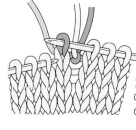

2 실 끝은 뒤쪽에서 가볍게 묶어둡니다.

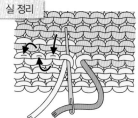

실 정리

3 묶어둔 실을 풀어서 돗바늘에 끼웁니다. 오른쪽 실은 왼쪽 코에 꿰어서 정리합니다.

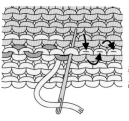

4 왼쪽 실은 오른쪽 코에 꿰어서 정리합니다.

작품을 떠보자

겉뜨기와 안뜨기를 익혔다면 이제 작품을 뜰 수 있습니다.
초보자는 뜨기 쉬운 머플러부터 시작하는 것이 좋습니다.

a

b

✳ 머플러

작은 다이아몬드무늬가 살짝 도드라진, 무늬뜨기로 뜬 머플러입니다.
파란색 머플러에는 곱슬마디(털실 따위의 중간에 덩어리가 진 것-역주)가 매력적인
트위드 얀을 사용했습니다.
머플러를 완성하고 나면 술 장식도 달아 보세요.

디자인 / 시바타 준(柴田 淳)
제작 / Stag beetle
사용한 실 / a: Hamanaka Sonomono Alpaca Wool
            b: Hamanaka Arran Tweed

【 머플러 뜨는 방법 】

✱실 **a** : Hamanaka Sonomono Alpaca Wool 회색(44) 120g

　　b : Hamanaka Arran Tweed 파란색(13) 80g

　　※ 실의 양에 술 장식 분량은 포함되지 않았습니다.

✱바늘 대바늘 **a** : 12호 / **b** : 10호

✱게이지 10cm 평방 무늬뜨기 **a** : 15코×23단 / **b** : 16코×24단

　　↳ 뜨개코의 크기. 10cm 평방 안에 들어가는 콧수와 단수를 말합니다(65쪽).

✱완성 치수 **a** : 너비 12.5cm, 길이 147cm / **b** : 너비 12cm, 길이 141cm

뜨는 방법의 포인트

손가락으로 만드는 기초코를 19코 만들어 무늬뜨기를 합니다. 무늬뜨기는 6코, 6단이 반복
됩니다. 338단까지 뜨고, 겉뜨기를 하며 덮어씌우기로 코를 막습니다. 실 끝은 뜨개바탕 안
쪽에 정리합니다. 술 장식은 20cm의 실 세 가닥을 코바늘에 걸어 달아줍니다.

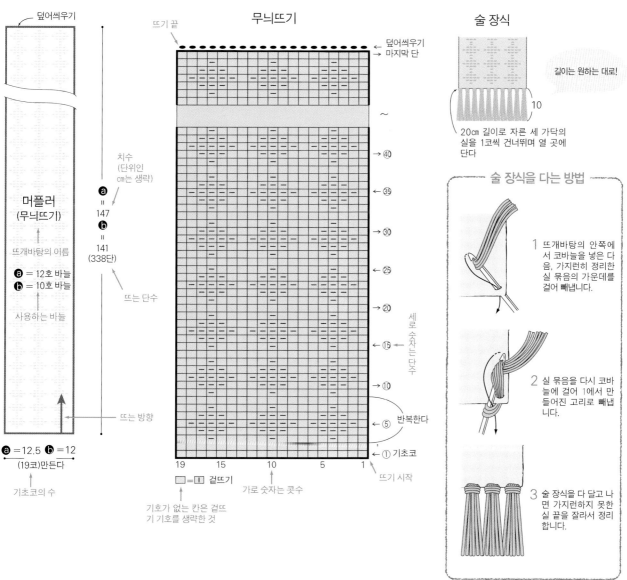

머플러
(무늬뜨기)

덮어씌우기

뜨기 끝

무늬뜨기

술 장식

길이는 원하는 대로!

10

20cm 길이로 자른 세 가닥의
실을 1코씩 건너뛰며 열 곳에
단다

덮어씌우기
마지막 단

치수
(단위인
cm는 생략)

ⓐ
=
147
ⓑ
=
141
(338단)

뜨개바탕의 이름

↑

ⓐ = 12호 바늘
ⓑ = 10호 바늘

사용하는 바늘

뜨는 단수

세로 숫자는 단수

반복한다

← ㊵
← ㉟
← ㉚
← ㉕
← ⑳
← ⑮
← ⑩
← ⑤
← ① 기초코

19   15   10   5   1

뜨는 방향

□=☐ 겉뜨기

가로 숫자는 콧수

뜨기 시작

ⓐ =12.5 ⓑ =12
(19코)만든다

기초코의 수

기호가 없는 칸은 겉뜨
기 기호를 생략한 것

술 장식을 다는 방법

1 뜨개바탕의 안쪽에
서 코바늘을 넣은 다
음, 가지런히 정리한
실 묶음의 가운데를
걸어 빼냅니다.

2 실 묶음을 다시 코바
늘에 걸어 1에서 만
들어진 고리로 빼냅
니다.

3 술 장식을 다 달고 나
면 가지런하지 못한
실 끝을 잘라서 정리
합니다.

✳ 케이프

가터뜨기, 메리야스뜨기, 2코 고무뜨기를 조합해서 뜨는 케이프입니다.
단계별로 색깔이 바뀌는 베리에이션사를 사용했기 때문에
줄무늬가 자연스럽고 우아한 것이 특징입니다.

디자인 / 오카모토 마키코(岡本真希子)
제작 / 오이시 나오코(大石菜穂子)
사용한 실 / RichMore Bacara Epoch

【 케이프 뜨는 방법 】

× 실 RichMore Bacara Epoch 베이지색 계통의 베리에이션사(250) 270g
× 바늘 대바늘 8, 6호(줄바늘을 사용할 경우에는 60㎝)
× 게이지 10㎝ 평방 가터뜨기 18코·30단, 메리야스뜨기 18코·24단
× 완성 치수 옷길이 37㎝

뜨는 방법의 포인트

손가락으로 만드는 기초코를 202코 만들어서 가터뜨기를 왕복뜨기로 32단까지 뜹니다. 이어서 메리야스뜨기를 10단 뜹니다. 11단에서는 뜨기 시작과 뜨기 끝에서 2코 모아뜨기를 합니다. 12단에서는 뜨개바탕을 뒤집지 않은 상태에서 뜨기 시작 쪽의 코를 겉뜨기로 뜹니다. 이렇게 하면 뜨개바탕이 원형으로 바뀝니다. 이후에는 원형뜨기로 메리야스뜨기를 총 38단까지 뜹니다. 이어서 6호 바늘로 바꾸어 2코 고무뜨기를 30단 뜨는데, 1단에서는 '3코 뜨고 2코 모아뜨기'를 반복하며 전체적으로 40코를 줄입니다. 8호 바늘로 바꾸어 다시 30단을 뜨고, 다 뜨면 덮어씌우기로 코를 막습니다.

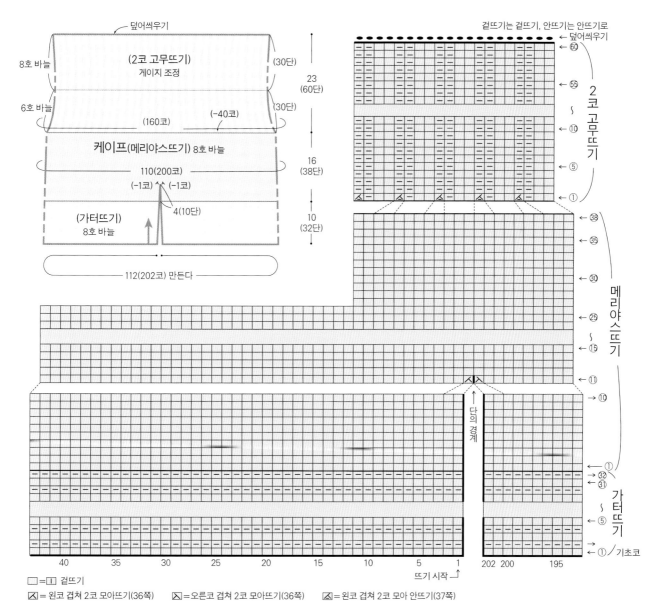

□ = Ⅰ 겉뜨기

◪ = 왼코 겹쳐 2코 모아뜨기(36쪽)   ◩ = 오른코 겹쳐 2코 모아뜨기(36쪽)   ◪ = 왼코 겹쳐 2코 모아 안뜨기(37쪽)

여러 가지 뜨개 기호와
뜨는 방법

손뜨개 책에는 여러 가지 뜨개 기호가 나옵니다.

뜨개 기호마다 뜨는 방법이 정해져 있습니다.

여러 가지 뜨개 기호를 조합하면 다양한 무늬를 뜰 수 있습니다.

STEP 2에서는 수많은 뜨개 기호 중에서

자주 사용하는 뜨개 기호와 그 뜨는 방법을 알아봅니다.

 걸기코(바늘비우기)

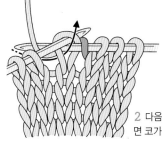

1 오른쪽 바늘의 앞에서 뒤로 실을 겁니다. 이것이 걸기코입니다.

2 다음 코를 겉뜨기하면 코가 안정됩니다.

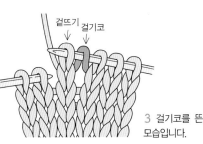

3 걸기코를 뜬 모습입니다.

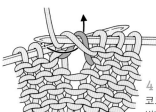

4 다음 단에서는 걸기코도 다른 코와 같은 방법으로 뜹니다.

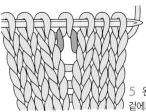

5 완성한 걸기코를 겉에서 본 모습입니다.

 덮어씌우기

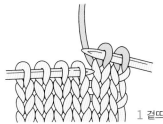

1 겉뜨기를 2코 뜹니다.

덮어씌운다

2 오른쪽 코를 왼쪽 코에 덮어씌웁니다.

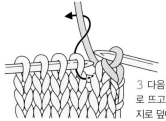

3 다음 코도 겉뜨기로 뜨고, 2와 마찬가지로 덮어씌웁니다.

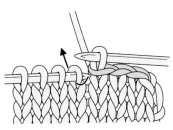

4 '겉뜨기 1코 뜨고 덮어씌우기'를 반복합니다.

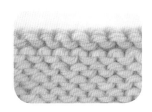 안뜨기의 덮어씌우기

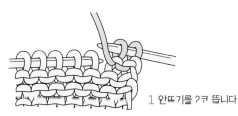

1 안뜨기를 2코 뜹니다

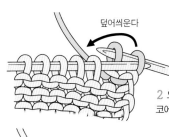

덮어씌운다

2 오른쪽 코를 왼쪽 코에 덮어씌웁니다.

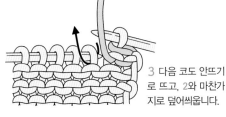

3 다음 코도 안뜨기로 뜨고, 2와 마찬가지로 덮어씌웁니다.

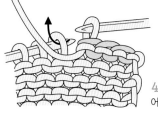

4 '안뜨기 1코 뜨고 덮어씌우기'를 반복합니다.

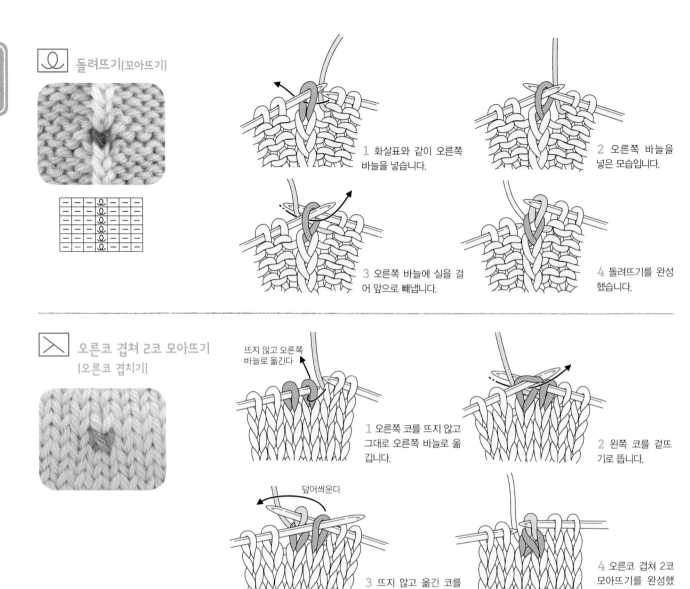

돌려뜨기(꼬아뜨기)

1 화살표와 같이 오른쪽 바늘을 넣습니다.

2 오른쪽 바늘을 넣은 모습입니다.

3 오른쪽 바늘에 실을 걸어 앞으로 빼냅니다.

4 돌려뜨기를 완성했습니다.

오른코 겹쳐 2코 모아뜨기
(오른코 겹치기)

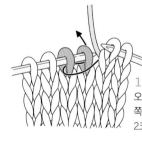

뜨지 않고 오른쪽 바늘로 옮긴다

1 오른쪽 코를 뜨지 않고 그대로 오른쪽 바늘로 옮깁니다.

2 왼쪽 코를 겉뜨기로 뜹니다.

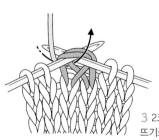

덮어씌운다

3 뜨지 않고 옮긴 코를 뜬 코에 덮어씌웁니다.

4 오른코 겹쳐 2코 모아뜨기를 완성했습니다.

왼코 겹쳐 2코 모아뜨기
(왼코 겹치기)

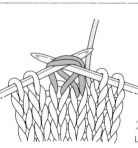

1 화살표와 같이 오른쪽 바늘을 왼쪽에서부터 한 번에 2코에 넣습니다.

2 바늘을 넣은 모습입니다.

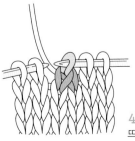

3 2코를 한 번에 겉뜨기로 뜹니다.

4 왼코 겹쳐 2코 모아뜨기를 완성했습니다.

 돌려 안뜨기

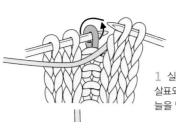

1 실을 앞에 두고 화살표와 같이 오른쪽 바늘을 넣습니다.

2 바늘을 넣은 모습입니다.

3 실을 걸어 뒤쪽으로 빼냅니다.

4 돌려 안뜨기를 완성했습니다.

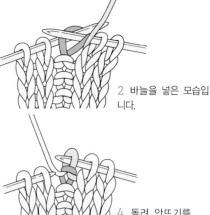

 오른코 겹쳐 2코 모아 안뜨기

1 2코를 뜨지 않고 각각 오른쪽 바늘에 옮깁니다.

2 왼쪽 바늘을 2코의 오른쪽에서 넣어 코를 되돌립니다.

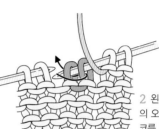

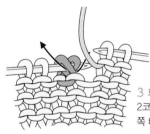

3 화살표와 같이 2코 안으로 오른쪽 바늘을 넣고,

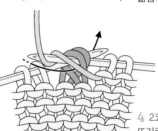

4 2코를 한 번에 안뜨기로 뜹니다.

5 오른코 겹쳐 2코 모아 안뜨기를 완성했습니다.

 왼코 겹쳐 2코 모아 안뜨기

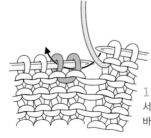

1 2코의 오른쪽에서 한 번에 오른쪽 바늘을 넣습니다.

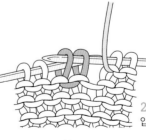

2 바늘을 넣은 모습입니다.

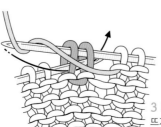

3 2코를 한 번에 안뜨기로 뜹니다.

4 왼코 겹쳐 2코 모아 안뜨기를 완성했습니다.

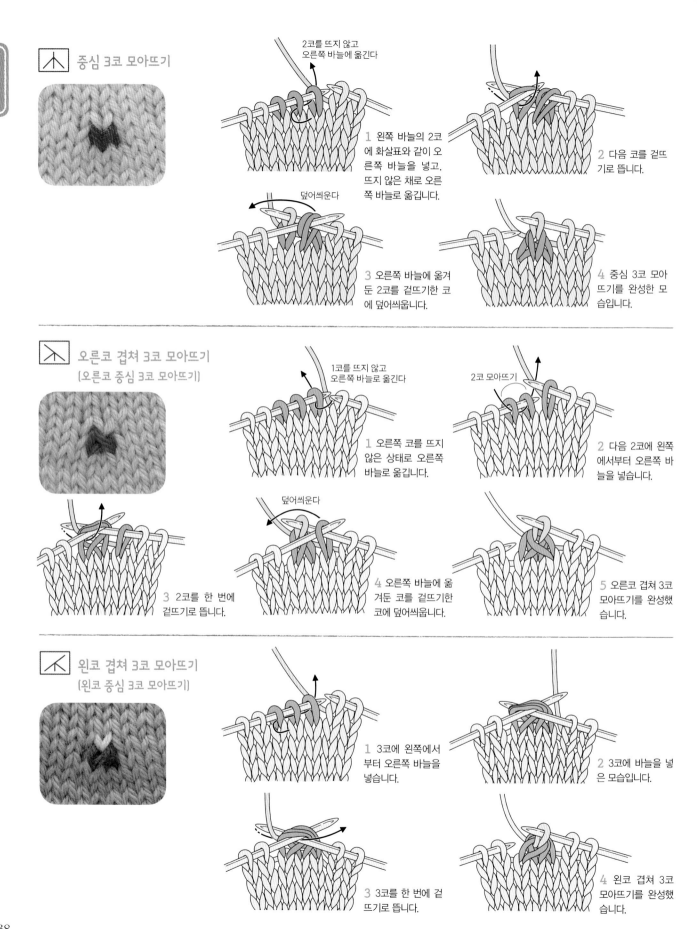

⋏ 중심 3코 모아뜨기

2코를 뜨지 않고
오른쪽 바늘에 옮긴다

1 왼쪽 바늘의 2코에 화살표와 같이 오른쪽 바늘을 넣고, 뜨지 않은 채로 오른쪽 바늘로 옮깁니다.

2 다음 코를 겉뜨기로 뜹니다.

덮어씌운다

3 오른쪽 바늘에 옮겨둔 2코를 겉뜨기한 코에 덮어씌웁니다.

4 중심 3코 모아뜨기를 완성한 모습입니다.

⋋ 오른코 겹쳐 3코 모아뜨기
(오른코 중심 3코 모아뜨기)

1코를 뜨지 않고
오른쪽 바늘로 옮긴다

1 오른쪽 코를 뜨지 않은 상태로 오른쪽 바늘로 옮깁니다.

2코 모아뜨기

2 다음 2코에 왼쪽에서부터 오른쪽 바늘을 넣습니다.

3 2코를 한 번에 겉뜨기로 뜹니다.

덮어씌운다

4 오른쪽 바늘에 옮겨둔 코를 겉뜨기한 코에 덮어씌웁니다.

5 오른코 겹쳐 3코 모아뜨기를 완성했습니다.

⋌ 왼코 겹쳐 3코 모아뜨기
(왼코 중심 3코 모아뜨기)

1 3코에 왼쪽에서부터 오른쪽 바늘을 넣습니다.

2 3코에 바늘을 넣은 모습입니다.

3 3코를 한 번에 겉뜨기로 뜹니다.

4 왼코 겹쳐 3코 모아뜨기를 완성했습니다.

 중심 3코 모아 안뜨기

3코를 뜨지 않고 각각 오른쪽 바늘로 옮긴다

1 3코에 화살표와 같이 오른쪽 바늘을 넣어 그대로 코를 옮깁니다(1의 코만 바늘을 넣는 방향이 다르므로 주의).

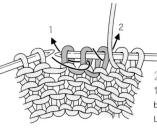

2 화살표와 같이 1·2의 순서로 왼쪽 바늘에 코를 되돌립니다.

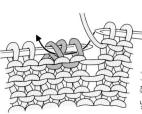

3 3의 코에 오른쪽 바늘을 한 번에 넣습니다.

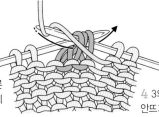

4 3의 코를 한 번에 안뜨기로 뜹니다.

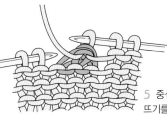

5 중심 3코 모아 안뜨기를 완성했습니다.

 오른코 겹쳐 3코 모아 안뜨기

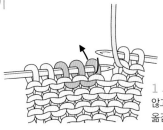

1 오른쪽 코를 뜨지 않고 오른쪽 바늘로 옮깁니다.

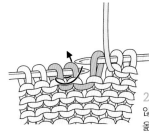

2 다음 2코도 뜨지 않고 오른쪽 바늘로 옮깁니다.

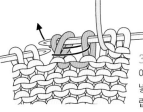

3 화살표와 같이 왼쪽 바늘을 넣어 코를 되돌립니다.

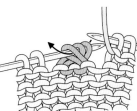

4 3코에 오른쪽 바늘을 넣어 한 번에 안뜨기를 합니다.

5 오른코 겹쳐 3코 모아 안뜨기를 완성했습니다.

 왼코 겹쳐 3코 모아 안뜨기

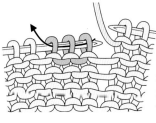

1 왼쪽 바늘의 3코 오른쪽에서 오른쪽 바늘을 넣습니다.

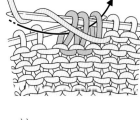

2 3코를 한 번에 안뜨기로 뜹니다.

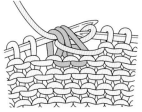

3 실을 빼낸 다음 왼쪽 바늘을 뺍니다.

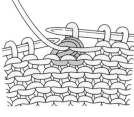

4 왼코 겹쳐 3코 모아 안뜨기를 완성했습니다.

오른코 겹쳐 4코 모아뜨기

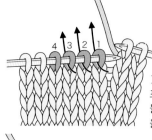

1 1·2·3의 코에 화살표와 같이 오른쪽 바늘을 각각 넣어 코를 옮깁니다.

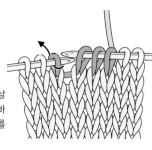

2 네 번째 코를 겉뜨기로 뜹니다.

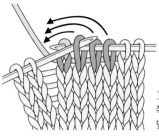

3 옮겨둔 3코를 왼쪽 코부터 차례대로 덮어씌웁니다.

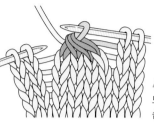

4 오른코 겹쳐 4코 모아뜨기를 완성했습니다.

 왼코 겹쳐 4코 모아뜨기

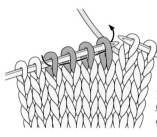

1 4코의 왼쪽에서부터 오른쪽 바늘을 넣습니다.

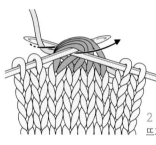

2 4코를 한 번에 겉뜨기로 뜹니다.

3 실을 빼내고 나서 왼쪽 바늘을 뺍니다.

4 왼코 겹쳐 4코 모아뜨기를 완성했습니다.

 중심 5코 모아뜨기

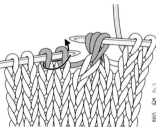

1 오른쪽 3코의 왼쪽에서부터 오른쪽 바늘을 넣어 코를 옮깁니다.

2 다음 2코도 왼쪽에서부터 바늘을 넣고,

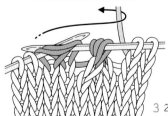

3 2코를 한 번에 겉뜨기로 뜹니다.

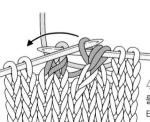

4 오른쪽 3코를 왼쪽에서부터 1코씩 덮어씌웁니다.

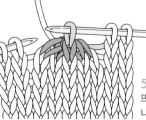

5 중심 5코 모아뜨기를 완성했습니다.

구멍무늬의 구성

지금까지 알아본 뜨개 기법을 조합하면 마치 구멍이 나열된 듯한 '구멍무늬(레이스무늬)'를 뜰 수 있습니다. 이 무늬는 코를 늘리거나 줄이면서 뜨기 때문에 처음으로 도전하는 사람은 조금 어려울 수도 있습니다. 여기에서는 구멍무늬의 구성에 대해 알아봅니다.

구멍무늬의 기호도(예)

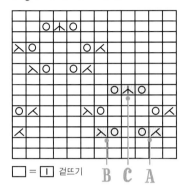

□ = │ 겉뜨기

B　C　A

구멍무늬의 규칙

코를 늘리는 걸기코와 코를 줄이는 2코 모아뜨기 등의 뜨개코는 반드시 세트로 구성됩니다. 즉, 코를 늘리거나 줄이면서 뜨지만 전체 콧수는 항상 일정합니다.

○	걸기코 ··············	**코를 늘리는 뜨개 기법**
╱	왼코 겹쳐 2코 모아뜨기	
╲	오른코 겹쳐 2코 모아뜨기	**여러 개의 코를 1코로 줄이는 뜨개 기법**
⋀	중심 3코 모아뜨기	

뜰 때의 주의사항

걸기코나 2코 모아뜨기를 깜빡하고 그냥 지나치면 콧수가 맞지 않게 돼요. 구멍무늬에 익숙하지 않은 초보자는 기호도의 콧수를 항상 확인하며 떠야 해요.

A ··· ○╱ 왼코 겹쳐 2코 모아뜨기와 걸기코

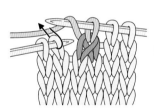
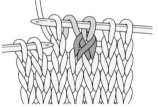

1 왼코 겹쳐 2코 모아뜨기를 하여 2코를 1코로 줄이고, 이어서 걸기코를 합니다.

2 왼코 겹쳐 2코 모아뜨기와 걸기코를 한 모습입니다.

B ··· ╲○ 걸기코와 오른코 겹쳐 2코 모아뜨기

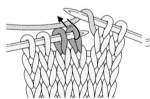
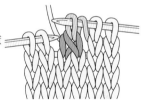

1 걸기코를 하고, 이어서 다음 2코는 오른코 겹쳐 2코 모아뜨기를 합니다.

2 걸기코와 오른코 겹쳐 2코 모아뜨기를 한 모습입니다.

C ··· ○⋀○ 걸기코와 중심 3코 모아뜨기

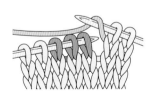
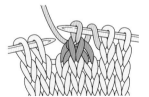

1 걸기코를 합니다.

2 중심 3코 모아뜨기를 하여 3코를 1코로 줄입니다.

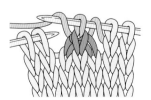
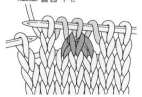

3 다시 걸기코를 합니다.

4 걸기코와 중심3코 모아뜨기를 조합해서 뜬 모습입니다.

조합할 수 있는 패턴은 무한대!

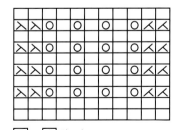

□ = │ 겉뜨기

걸기코와 2코 모아뜨기를 항상 연달아 진행하는 것은 아닙니다. 이 기호도처럼 간격을 두고 진행할 때도 있습니다. 이 예에서는 1단마다 콧수가 일정하도록 짜여 있지만, 좀 더 복잡한 무늬를 뜰 때는 몇 단을 떠야만 비로소 콧수가 맞춰지는 경우도 있습니다.

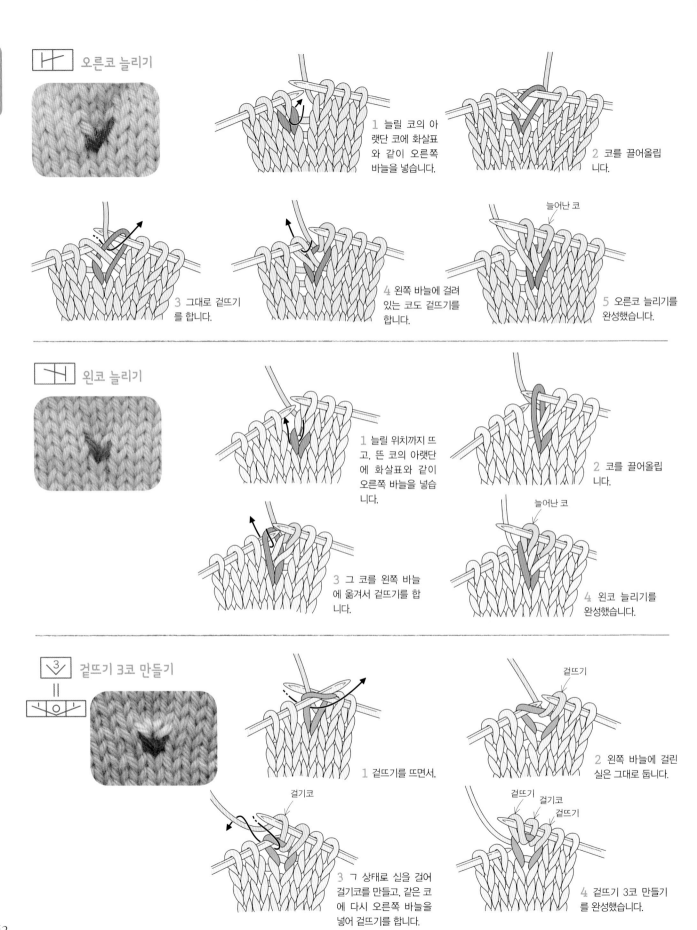

오른코 늘리기

1 늘릴 코의 아랫단 코에 화살표와 같이 오른쪽 바늘을 넣습니다.

2 코를 끌어올립니다.

3 그대로 겉뜨기를 합니다.

4 왼쪽 바늘에 걸려 있는 코도 겉뜨기를 합니다.

5 오른코 늘리기를 완성했습니다.

늘어난 코

왼코 늘리기

1 늘릴 위치까지 뜨고, 뜬 코의 아랫단에 화살표와 같이 오른쪽 바늘을 넣습니다.

2 코를 끌어올립니다.

3 그 코를 왼쪽 바늘에 옮겨서 겉뜨기를 합니다.

4 왼코 늘리기를 완성했습니다.

늘어난 코

겉뜨기 3코 만들기

1 겉뜨기를 뜨면서,

2 왼쪽 바늘에 걸린 실은 그대로 둡니다.

3 그 상태로 실을 걸어 걸기코를 만들고, 같은 코에 다시 오른쪽 바늘을 넣어 겉뜨기를 합니다.

4 겉뜨기 3코 만들기를 완성했습니다.

걸기코

겉뜨기

걸기코

겉뜨기

겉뜨기

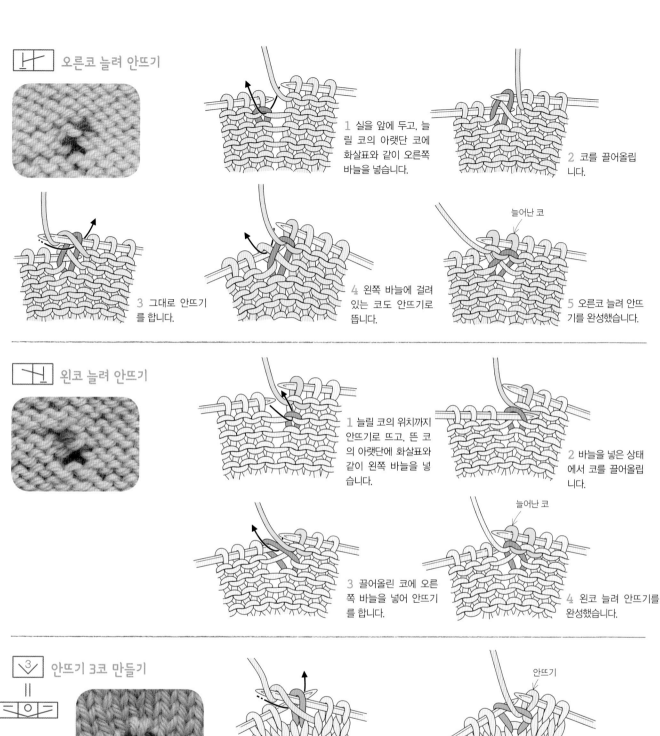

├┤ 오른코 늘려 안뜨기

1 실을 앞에 두고, 늘릴 코의 아랫단 코에 화살표와 같이 오른쪽 바늘을 넣습니다.

2 코를 끌어올립니다.

3 그대로 안뜨기를 합니다.

4 왼쪽 바늘에 걸려 있는 코도 안뜨기로 뜹니다.

늘어난 코

5 오른코 늘려 안뜨기를 완성했습니다.

┤├ 왼코 늘려 안뜨기

1 늘릴 코의 위치까지 안뜨기로 뜨고, 뜬 코의 아랫단에 화살표와 같이 왼쪽 바늘을 넣습니다.

2 바늘을 넣은 상태에서 코를 끌어올립니다.

3 끌어올린 코에 오른쪽 바늘을 넣어 안뜨기를 합니다.

늘어난 코

4 왼코 늘려 안뜨기를 완성했습니다.

∨ 안뜨기 3코 만들기

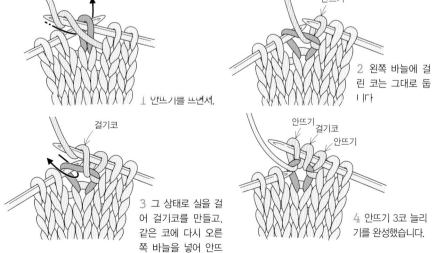

1 안뜨기를 뜨면서,

안뜨기

2 왼쪽 바늘에 걸린 코는 그대로 둡니다

걸기코

3 그 상태로 실을 걸어 걸기코를 만들고, 같은 코에 다시 오른쪽 바늘을 넣어 안뜨기를 합니다.

안뜨기 걸기코 안뜨기

4 안뜨기 3코 늘리기를 완성했습니다.

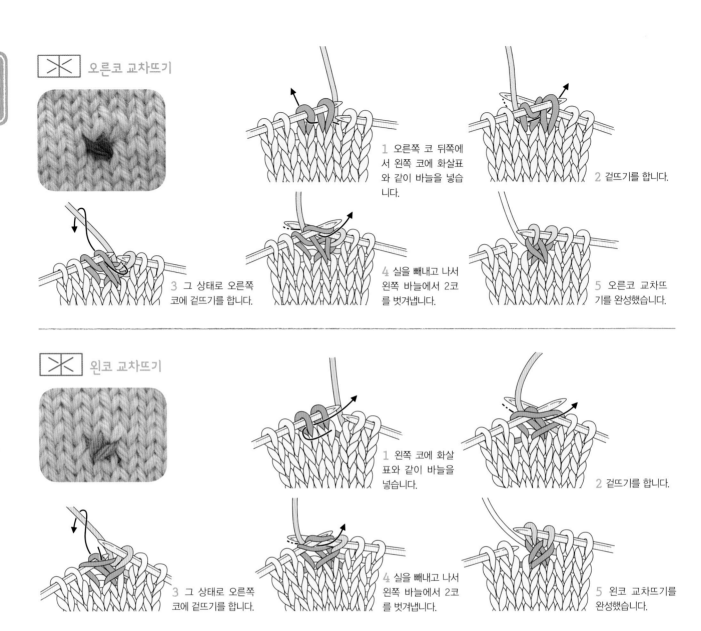

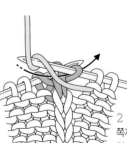

오른코 교차뜨기

1 오른쪽 코 뒤쪽에서 왼쪽 코에 화살표와 같이 바늘을 넣습니다.

2 겉뜨기를 합니다.

3 그 상태로 오른쪽 코에 겉뜨기를 합니다.

4 실을 빼내고 나서 왼쪽 바늘에서 2코를 벗겨냅니다.

5 오른코 교차뜨기를 완성했습니다.

왼코 교차뜨기

1 왼쪽 코에 화살표와 같이 바늘을 넣습니다.

2 겉뜨기를 합니다.

3 그 상태로 오른쪽 코에 겉뜨기를 합니다.

4 실을 빼내고 나서 왼쪽 바늘에서 2코를 벗겨냅니다.

5 왼코 교차뜨기를 완성했습니다.

오른코 위 돌려 교차뜨기(아래쪽 안뜨기)

1 실을 앞에 두고, 오른쪽 코의 뒤쪽에서 왼쪽 코에 화살표와 같이 바늘을 넣습니다.

2 오른쪽 코의 오른쪽까지 코를 끌어내서 안뜨기를 합니다.

3 그 상태로 오른쪽 코에 화살표와 같이 바늘을 넣고,

4 겉뜨기를 합니다.

5 왼쪽 바늘에서 2코를 벗겨내면 오른코 위 돌려 교차뜨기(아래쪽 안뜨기)가 완성됩니다.

 오른코 교차뜨기(아래쪽 안뜨기)

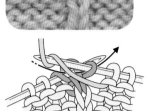

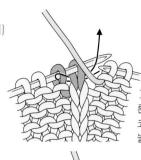

1 실을 앞에 두고, 오른쪽 코 뒤쪽에서 왼쪽 코에 화살표와 같이 바늘을 넣습니다.

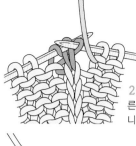

2 오른쪽 코의 오른쪽까지 코를 빼냅니다.

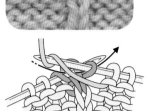

3 그 코를 안뜨기를 합니다.

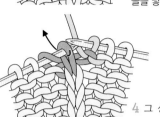

4 그 상태로 오른쪽 코를 겉뜨기를 합니다.

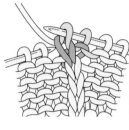

5 왼쪽 바늘에서 2코를 벗겨내면 오른코 교차뜨기(아래쪽 안뜨기)가 완성됩니다.

 왼코 교차뜨기(아래쪽 안뜨기)

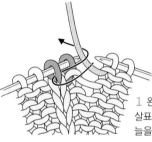

1 왼쪽 코에 화살표와 같이 바늘을 넣습니다.

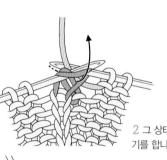

2 그 상태에서 겉뜨기를 합니다.

3 실을 앞쪽에 두고, 그대로 오른쪽 코에 안뜨기를 합니다.

4 실을 빼내고 왼쪽 바늘에서 2코를 벗겨냅니다.

5 왼코 교차뜨기(아래쪽 안뜨기)가 완성되었습니다.

 왼코 위 돌려 교차뜨기(아래쪽 안뜨기)

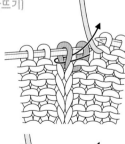

1 왼쪽 코에 화살표와 같이 바늘을 넣어 오른쪽으로 빼냅니다.

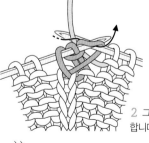

2 그 코에 겉뜨기를 합니다.

3 실을 앞에 두고, 그대로 오른쪽 코에 안뜨기를 합니다.

4 실을 빼내고 왼쪽 바늘에서 2코를 벗겨냅니다.

5 왼코 위 돌려 교차뜨기(아래쪽 안뜨기)가 완성되었습니다.

 오른코 위 2코 교차뜨기

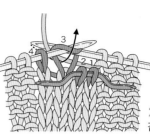

1 오른쪽 1·2의 코를 보조바늘로 옮겨 앞쪽에서 쉬게 합니다.

2 3·4번의 코에 겉뜨기를 합니다.

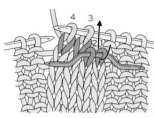

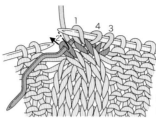

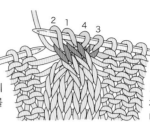

3 보조바늘 1번의 코에 겉뜨기를 합니다.

4 2번의 코에도 겉뜨기를 합니다.

5 오른코 위 2코 교차뜨기가 완성되었습니다.

 오른코 위 2코 교차뜨기(중앙에 1코 넣기)

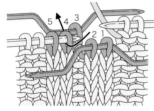

1 1·2의 코를 앞쪽, 3의 코를 뒤쪽으로 각각 보조바늘에 옮겨 쉬게 합니다.

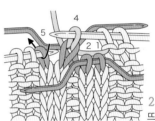

2 4·5번의 코에 겉뜨기를 합니다.

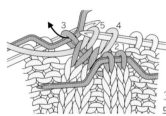

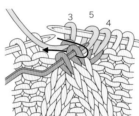

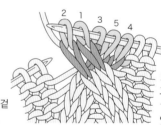

3 3의 코에 안뜨기를 합니다.

4 1·2의 코에 겉뜨기를 합니다.

5 오른코 위 2코 교차뜨기(중앙에 1코 넣기)가 완성되었습니다.

 오른코에 꿴 교차뜨기(왼코 속 교차뜨기)

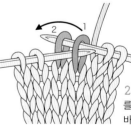

1 1·2의 코를 각각 뜨지 않고 오른쪽 바늘에 옮깁니다.

2 2의 코에 1의 코를 덮어씌워 왼쪽 바늘에 되돌립니다.

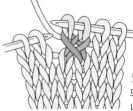

3 2의 코에 겉뜨기를 합니다.

4 1의 코에 겉뜨기를 합니다.

5 오른코에 꿴 교차뜨기가 완성되었습니다.

왼코 위 2코 교차뜨기

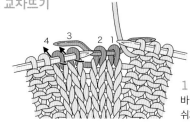

1 오른쪽 1·2의 보조
바늘에 옮겨 뒤쪽에서
쉬게 합니다.

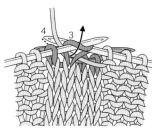

2 3의 코를 겉
뜨기로 뜹니다.

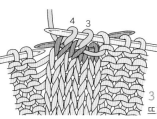

3 4의 코도 겉
뜨기로 뜹니다.

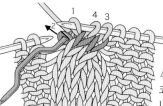

4 보조바늘 1·2의
코에 겉뜨기를 합니
다.

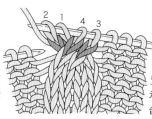

5 왼코 위 2코 교
차뜨기를 완성했
습니다.

 왼코 위 2코 교차뜨기(중앙에 1코 넣기)

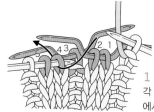

1 1·2의 코, 3의 코를 각
각 보조바늘에 옮겨 뒤쪽
에서 쉬게 합니다.

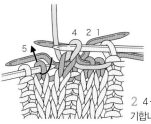

2 4·5의 코를 겉뜨
기합니다.

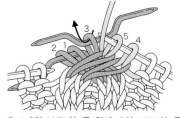

3 1·2의 보조바늘을 앞에, 3의 보조바늘을
뒤쪽에 두고 3의 코에 안뜨기를 합니다.

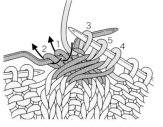

4 1·2의 코를 겉뜨기로 뜹니다.

5 왼코 위 2코 교차뜨기(중앙에 1코 넣
기)를 완성했습니다.

 왼코에 꿴 교차뜨기(오른코 속 교차뜨기)

1 1의 코에 2의 코를
덮어씌워서 코의 자리
를 바꿉니다.

2 덮어씌운 2의
코에 바늘을 넣고,

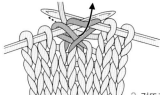

3 겉뜨기를 합니다.

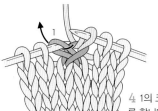

4 1의 코에 겉뜨기
를 합니다.

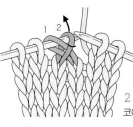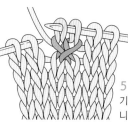

5 왼코에 꿴 교차뜨
기를 완성한 모습입
니다.

47

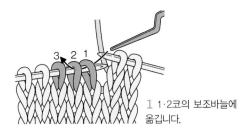 오른코 위 2코와 1코 교차뜨기

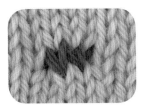

1 1·2코의 보조바늘에 옮깁니다.

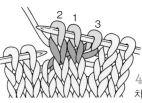

2 옮긴 코를 앞쪽에서 쉬게 하고, 3의 코에 겉뜨기를 합니다.

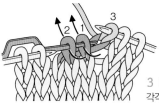

3 보조바늘 1·2의 코에 각각 겉뜨기를 합니다.

4 오른코 위 2코와 1코 교차뜨기를 완성했습니다.

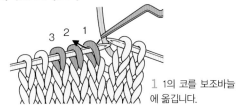 왼코 위 2코와 1코 교차뜨기

1 1의 코를 보조바늘에 옮깁니다.

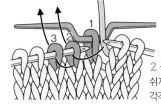

2 옮긴 코를 뒤쪽에서 쉬게 하고, 2·3의 코에 각각 겉뜨기를 합니다.

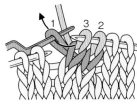

3 보조바늘 1의 코에 겉뜨기를 합니다.

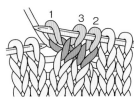

4 왼코 위 2코와 1코의 교차뜨기를 완성했습니다.

드라이브뜨기(2회 감기)

2회 감는다

1 코에 바늘을 넣고, 실을 2회(기호도의 숫자만큼) 감아 빼냅니다.

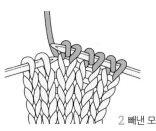

2 빼낸 모습입니다.

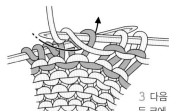

3 다음 단에서 실을 감아 둔 코에 안뜨기를 합니다.

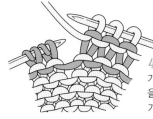

4 2회 감은 드라이브뜨기가 완성된 모습입니다. 실을 감은 양만큼 코의 길이가 길어집니다.

 오른코 위 2코와 1코 교차뜨기(아래쪽 안뜨기)

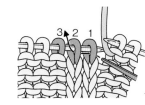

1 1·2의 코를 보조바늘에 옮깁니다.

2 옮긴 코를 앞쪽에서 쉬게 하고, 3의 코에 안뜨기를 합니다.

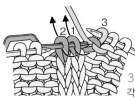

3 보조바늘 1·2의 코에 각각 겉뜨기를 합니다.

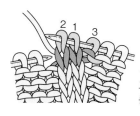

4 오른코 위 2코와 1코 교차뜨기(아래쪽 안뜨기)를 완성했습니다.

 왼코 위 2코와 1코 교차뜨기(아래쪽 안뜨기)

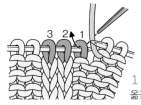

1 1의 코를 보조바늘에 옮깁니다.

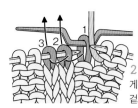

2 옮긴 코를 뒤쪽에서 쉬게 하고, 2·3의 코에 각각 겉뜨기를 합니다.

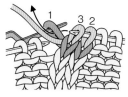

3 보조바늘 1의 코에 안뜨기를 합니다.

4 왼코 위 2코와 1코의 교차뜨기(아래쪽 안뜨기)를 완성했습니다.

드라이브뜨기(3회 감기)

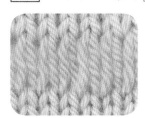

3회 감는다

1 코에 바늘을 넣고, 실을 3회(기호도의 숫자만큼) 감아 빼냅니다.

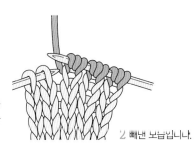

2 빼낸 모습입니다.

3 다음 단에서 실을 감아둔 코에 안뜨기를 합니다.

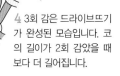

4 3회 감은 드라이브뜨기가 완성된 모습입니다. 코의 길이가 2회 감았을 때보다 더 길어집니다.

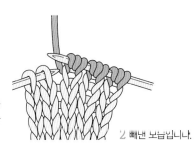

끌어올려뜨기(2단일 때)

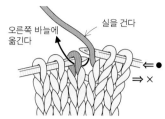

오른쪽 바늘에 옮긴다　실을 건다

←●
⇒×

1 ●단에서는 실을 앞에서 뒤로 걸고, 다음 코를 뜨지 않고 그대로(코의 방향은 바뀌지 않습니다) 오른쪽 바늘에 옮깁니다.

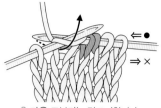

←●
⇒×

2 다음 코부터는 겉뜨기합니다.

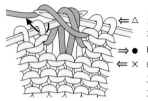

←△
⇒●
←×

3 △단에서는 앞단에서 건 코와 옮긴 코를 오른쪽 바늘에 옮기고(코의 방향을 바꾸지 않습니다), 실을 걸고 나서 다음 코부터 안뜨기를 합니다.

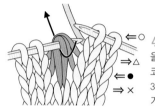

←○
⇒△
←●
⇒×

4 ○단에서는 2단을 뜨지 않고 옮긴 코와 걸어둔 2코(총 3코)를 한 번에 겉뜨기로 뜹니다.

←○
⇒△
←●
⇒×

5 끌어올려뜨기(2단일 때)를 완성했습니다.

끌어올려 안뜨기(2단일 때)

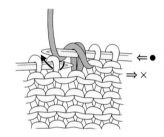

←●
⇒×

1 ×단의 코가 안뜨기일 때는 ●단에서 실을 앞쪽에 두고, 다음 코를 뜨지 않고 그대로(코의 방향을 바꾸지 않습니다) 오른쪽 바늘에 옮깁니다. 이어서 오른쪽 바늘에 실을 걸고,

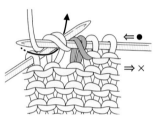

←●
⇒×

2 다음 코부터 안뜨기를 합니다.

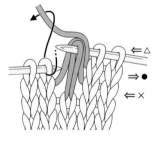

←△
⇒●
←×

3 △단에서는 앞단에서 걸어둔 코와 옮긴 코를 오른쪽 바늘로 옮기고(코의 방향을 바꾸지 않습니다), 실을 걸어서 다음 코부터 겉뜨기를 합니다.

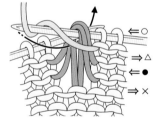

←○
⇒△
←●
⇒×

4 ○단에서는 2단을 뜨지 않고 옮긴 코와 걸어둔 2코(총 3코)를 한 번에 안뜨기로 뜹니다.

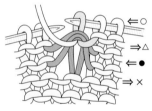

←○
⇒△
←●
⇒×

5 끌어올려 안뜨기(2단일 때)가 완성되었습니다.

영국 고무뜨기(양면 끌어올려뜨기)

←●
←△
⇒△2
←●1
⇒×

←1
⇒×

1 ●1단에서 뜨기 시작합니다. 가장자리 코를 겉뜨기로 뜨고, 다음 안뜨기코는 뜨지 않고 그대로(코의 방향을 바꾸지 않습니다) 오른쪽 바늘로 옮깁니다. 이어서 오른쪽 바늘에 실을 겁니다.

←●1
⇒×

2 다음 겉뜨기코는 겉뜨기를 합니다.

←●1
⇒×

3 '안뜨기코는 뜨지 않고 오른쪽 바늘에 옮겨 실을 걸고, 겉뜨기코는 겉뜨기하기'를 반복합니다.

←△2
⇒●1

4 △2단에서는 가장자리 코를 안뜨기하고, 다음 겉뜨기코는 앞단에서 걸어둔 실과 함께 겉뜨기를 합니다.

영국 고무뜨기(겉뜨기 끌어올려뜨기)

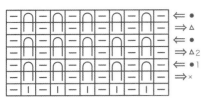

1 ●1단부터 시작합니다. 가장자리의 안뜨기코를 뜬 다음, 실을 앞쪽에 둔 상태에서 겉뜨기코를 뜨지 않고 그대로(코의 방향을 바꾸지 않습니다) 오른쪽 바늘에 옮깁니다.

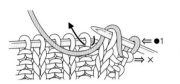

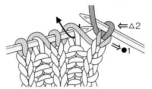

2 옮긴 코에 실을 걸고, 다음 안뜨기코를 안뜨기로 뜹니다.

3 '겉뜨기코는 뜨지 않고 오른쪽 바늘에 옮겨 실을 걸고, 안뜨기코는 안뜨기로 뜨기'를 반복합니다.

4 △2단에서는 가장자리 코를 겉뜨기로 뜨고, 다음 안뜨기코는 앞단에서 건 실과 함께 안뜨기를 합니다.

5 '겉뜨기코는 겉뜨기로 뜨고, 안뜨기코는 앞단에서 건 실과 함께 안뜨기로 뜨기'를 반복합니다.

6 ●와 △의 단을 반복합니다. 위 그림은 영국 고무뜨기 5단(겉뜨기 끌어올려뜨기)을 뜬 모습입니다.

영국 고무뜨기(안뜨기 끌어올려뜨기)

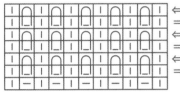

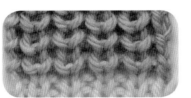

1 ●1단에서 시작합니다. 가장자리의 겉뜨기코를 겉뜨기로 뜨고, 안뜨기코는 뜨지 않고 그대로(코의 방향을 바꾸지 않습니다) 오른쪽 바늘에 옮깁니다.

2 옮긴 코에 실을 걸고, 다음 겉뜨기코를 겉뜨기로 뜹니다.

3 '안뜨기코는 뜨지 않고 오른쪽 바늘에 옮겨서 실을 걸고, 겉뜨기코는 겉뜨기로 뜨기'를 반복합니다.

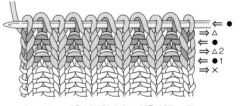

4 △2단에서는 가장자리 코를 안뜨기하고, 다음 겉뜨기코는 앞단에서 건 실과 함께 겉뜨기를 합니다.

5 '안뜨기코는 안뜨기로 뜨고, 겉뜨기코는 앞단에서 걸어둔 실과 함께 겉뜨기도 뜨기'를 반복합니다.

6 ●과 △단을 반복합니다. 그림은 영국 고무뜨기(안뜨기 끌어올려뜨기) 5단을 뜬 모습입니다.

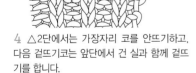
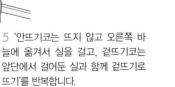
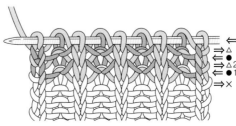

5 '안뜨기코는 뜨지 않고 오른쪽 바늘에 옮겨서 실을 걸고, 겉뜨기코는 앞단에서 걸어둔 실과 함께 겉뜨기로 뜨기'를 반복합니다.

6 ●과 △단을 반복합니다. 그림은 영국 고무뜨기(양면 끌어올려뜨기)를 5단 뜬 모습입니다.

3코 3단 구슬뜨기

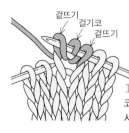

겉뜨기
걸기코
겉뜨기

1 1코에 겉뜨기·걸기코·겉뜨기를 연달아 떠서 코를 늘립니다.

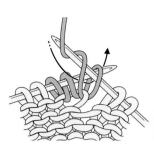

2 그 상태에서 뜨개바탕을 뒤집고, 늘린 3코에 각각 안뜨기를 합니다.

2코를 오른쪽 바늘로 옮긴다

3 다시 뜨개바탕을 뒤집어, 오른쪽 2코에 화살표와 같이 오른쪽 바늘을 넣어 그대로 코를 옮깁니다.

4 남은 셋째 코에 겉뜨기를 합니다.

2코를 덮어씌운다

5 뜬 코에 옮긴 2코를 덮어씌웁니다.

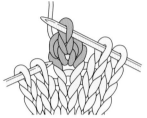

6 3코 3단 구슬뜨기를 완성한 모습입니다.

 5코 5단 구슬뜨기

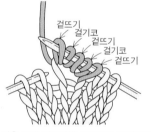

겉뜨기
걸기코
겉뜨기
걸기코
겉뜨기

1 같은 코에 겉뜨기와 걸기코를 반복하여 5코를 뜹니다.

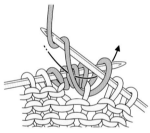

2 그 상태로 뜨개바탕을 뒤집고, 코를 늘려 5코에 각각 안뜨기를 합니다.

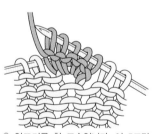

3 안뜨기를 한 모습입니다. 이 5코만 메리야스뜨기로 2단을 더 뜹니다.

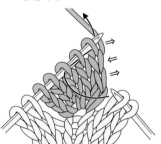

4 다음 단에서는 우선 오른쪽 3코만 왼쪽에서부터 한 번에 바늘을 넣어 그대로 옮깁니다.

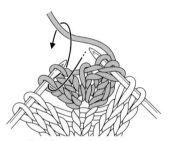

5 남은 2코는 한 번에 겉뜨기를 합니다.

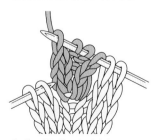

6 겉뜨기를 한 모습입니다.

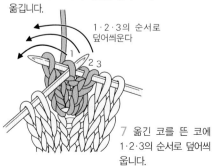

1·2·3의 순서로 덮어씌운다

1 2 3

7 옮긴 코를 뜬 코에 1·2·3의 순서로 덮어씌웁니다.

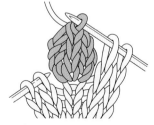

8 5코 5단 구슬뜨기가 완성되었습니다.

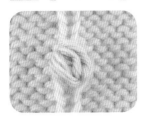 긴뜨기 3코 구슬뜨기(사슬 2코의 기둥코)

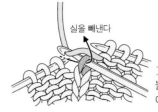

실을 빼낸다

1 코바늘을 넣고 대바늘에서 코를 벗겨낸 후에 실을 걸어 빼냅니다.

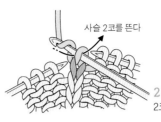

사슬 2코를 뜬다

2 기둥이 될 사슬 2코를 뜹니다.

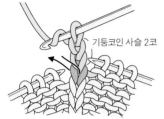

기둥코인 사슬 2코

3 실을 걸어 본래의 코에 화살표와 같이 코바늘을 넣습니다.

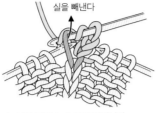

실을 빼낸다

4 실을 걸어 느슨하게 빼냅니다.

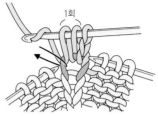

1회

5 3~4를 반복하여 2회분을 더 뜹니다.

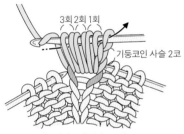

3회 2회 1회

기둥코인 사슬 2코

6 실을 걸어 3회분의 코 안으로 한 번에 빼냅니다.

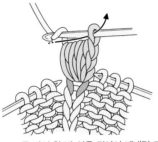

7 다시 한 번 실을 걸어서 빼내면 코가 조입니다.

8 코바늘에 걸린 코를 대바늘로 옮깁니다. 긴뜨기 3코 구슬뜨기를 완성한 모습입니다.

 긴뜨기 3코 구슬뜨기

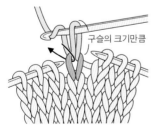

구슬의 크기만큼

1 앞쪽에서 코바늘을 넣고 대바늘에서 코를 벗겨낸 후에 실을 걸어 구슬의 크기만큼 빼냅니다. 코바늘에 다시 실을 걸어 본래의 코에 화살표와 같이 넣습니다.

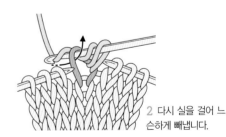

2 다시 실을 걸어 느슨하게 빼냅니다.

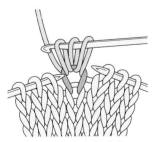

3 1~2를 2회 반복합니다.

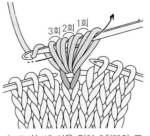

3회 2회 1회

4 코바늘에 실을 걸어 3회분의 코 안으로 한 번에 빼냅니다.

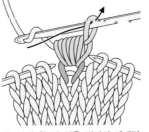

5 다시 한 번 실을 걸어서 빼내면 코가 조입니다.

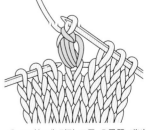

6 코바늘에 걸린 코를 오른쪽 대바늘에 옮깁니다. 긴뜨기 3코 구슬뜨기를 완성한 모습입니다.

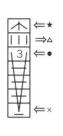

4단 끌어올려 3코 구슬뜨기
(4단 끌어올려 중심 3코 모아뜨기)

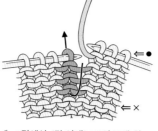

1 ●단에서 4단 아래(×단)의 코에 화살표와 같이 바늘을 넣어 겉뜨기·걸기코·겉뜨기를 느슨하게 뜹니다.

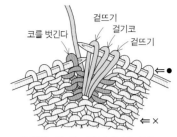

2 왼쪽 바늘의 코를 벗겨서 풉니다.

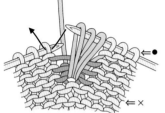

3 코를 푼 모습입니다. 다음 코부터는 뜨개 기호대로 뜹니다.

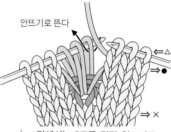

4 △단에서는 3코를 각각 안뜨기로 뜹니다.

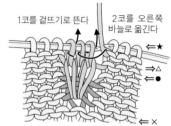

5 ★단에서는 3코 중 2코에 화살표와 같이 오른쪽 바늘을 넣어 그대로 옮기고, 나머지 1코에 겉뜨기를 합니다.

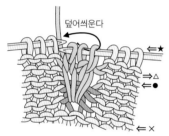

6 옮긴 2코를 뜬 코에 한 번에 덮어씌웁니다(중심 3코 모아뜨기).

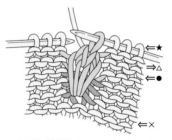

7 4단 끌어올려 3코 구슬뜨기를 완성한 모습입니다.

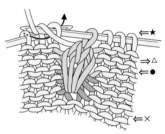

8 다음 코부터는 안뜨기를 합니다.

오른코에 꿴 매듭뜨기(3코일 때)

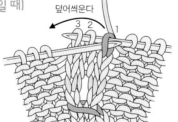

1 우선 3코를 뜨지 않고 오른쪽 바늘에 옮기고(1의 코만 코의 방향을 바꾸어서 옮깁니다), 1의 코를 2·3의 코에 덮어씌웁니다.

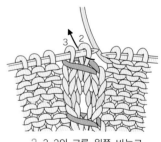

2 3·2의 코를 왼쪽 바늘로 되돌리고, 2의 코를 겉뜨기로 뜹니다.

3 이어서 걸기코를 하고, 3의 코를 겉뜨기로 뜹니다.

4 오른코에 꿴 매듭뜨기(3코일 때)를 완성한 모습입니다.

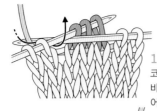 오른쪽으로 빼낸 매듭뜨기(3코일 때)

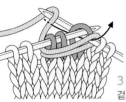

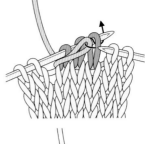

1 왼쪽 바늘의 셋째 코와 네째 코 사이에 바늘을 넣고 실을 걸어 빼냅니다.

2 빼낸 코를 왼손으로 눌러 잡고 오른쪽 바늘을 빼낸 다음, 화살표와 같이 오른쪽 바늘을 다시 넣습니다.

겉뜨기를 한다

3 첫째 코와 함께 겉뜨기를 합니다.

4 다음 2코에 각각 겉뜨기를 합니다.

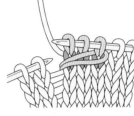

5 오른쪽으로 빼낸 매듭뜨기(3코일 때)를 완성했습니다.

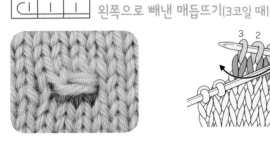 왼쪽으로 빼낸 매듭뜨기(3코일 때)

3 2 1 ★

1 3코를 뜨고, 1의 코와 ★의 코 사이의 1단 아래쪽에 왼쪽 바늘을 넣어 실을 건 다음,

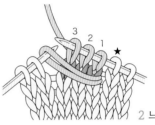

3 2 1 ★

2 느슨하게 빼냅니다.

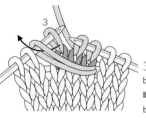

3

3 3의 코를 왼쪽 바늘에 되돌리고, 빼낸 코에 오른쪽 바늘을 넣어,

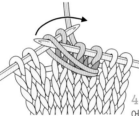

4 3의 코에 덮어씌웁니다.

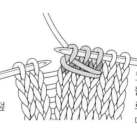

5 셋째 코를 오른쪽 바늘에 되돌리면 왼쪽으로 빼낸 매듭뜨기(3코일 때)가 완성됩니다.

 왼코에 꿴 매듭뜨기(3코일 때)

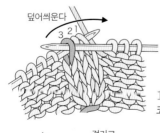

덮어씌운다

3 2 1

1 3의 코를 1, 2의 코에 덮어씌웁니다.

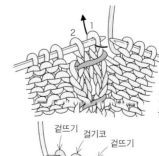

2 1

2 1의 코에 겉뜨기를 합니다.

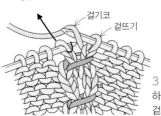

걸기코 겉뜨기

3 이어서 걸기코를 하고, 2의 코에도 겉뜨기를 합니다.

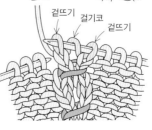

겉뜨기 걸기코 겉뜨기

4 왼코에 꿴 매듭뜨기(3코일 때)를 완성했습니다.

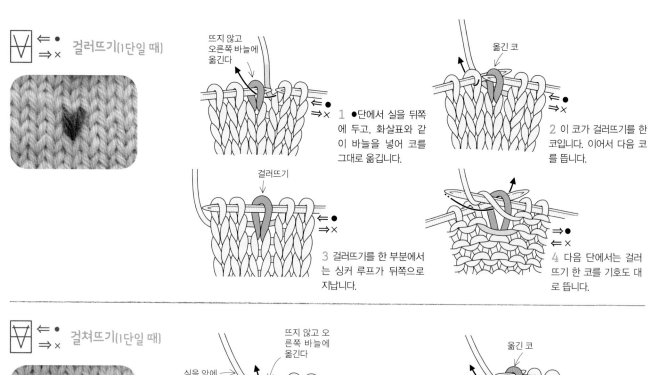

걸러뜨기(1단일 때)

1 ●단에서 실을 뒤쪽에 두고, 화살표와 같이 바늘을 넣어 코를 그대로 옮깁니다.

2 이 코가 걸러뜨기를 한 코입니다. 이어서 다음 코를 뜹니다.

3 걸러뜨기를 한 부분에서는 싱커 루프가 뒤쪽으로 지납니다.

4 다음 단에서는 걸러뜨기 한 코를 기호도 대로 뜹니다.

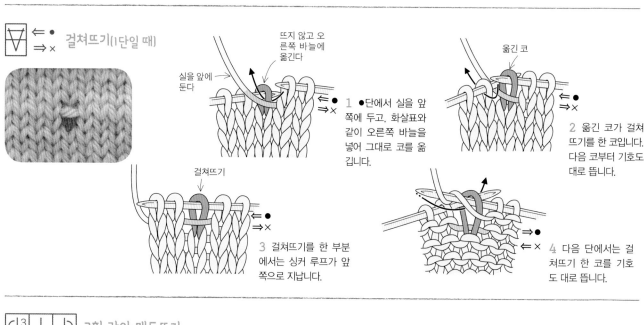

걸쳐뜨기(1단일 때)

1 ●단에서 실을 앞쪽에 두고, 화살표와 같이 오른쪽 바늘을 넣어 그대로 코를 옮깁니다.

2 옮긴 코가 걸쳐뜨기를 한 코입니다. 다음 코부터 기호도 대로 뜹니다.

3 걸쳐뜨기를 한 부분에서는 싱커 루프가 앞쪽으로 지납니다.

4 다음 단에서는 걸쳐뜨기 한 코를 기호도 대로 뜹니다.

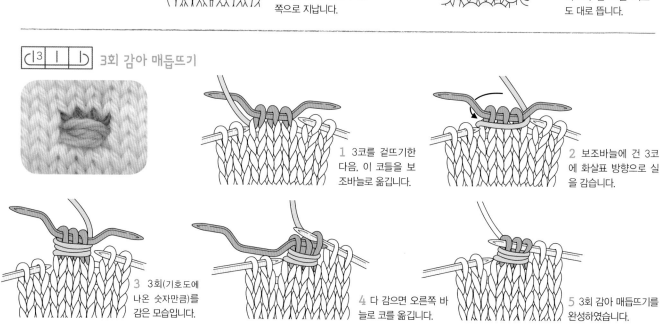

3회 감아 매듭뜨기

1 3코를 겉뜨기한 다음, 이 코들을 보조바늘로 옮깁니다.

2 보조바늘에 건 3코에 화살표 방향으로 실을 감습니다.

3 3회(기호도에 나온 숫자만큼)를 감은 모습입니다.

4 다 감으면 오른쪽 바늘로 코를 옮깁니다.

5 3회 감아 매듭뜨기를 완성하였습니다.

56

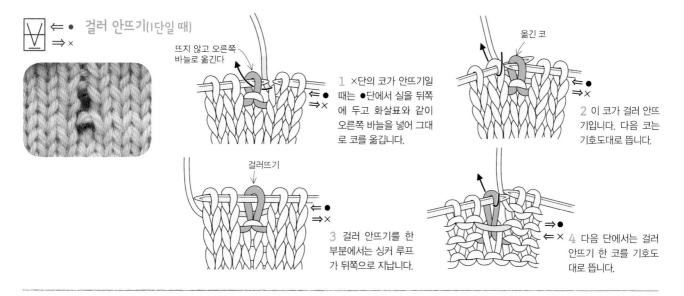

걸러 안뜨기(1단일 때)

뜨지 않고 오른쪽 바늘로 옮긴다

1 ×단의 코가 안뜨기일 때는 ●단에서 실을 뒤쪽에 두고 화살표와 같이 오른쪽 바늘을 넣어 그대로 코를 옮깁니다.

옮긴 코

2 이 코가 걸러 안뜨기입니다. 다음 코는 기호도대로 뜹니다.

걸러뜨기

3 걸러 안뜨기를 한 부분에서는 싱커 루프가 뒤쪽으로 지납니다.

4 다음 단에서는 걸러 안뜨기 한 코를 기호도대로 뜹니다.

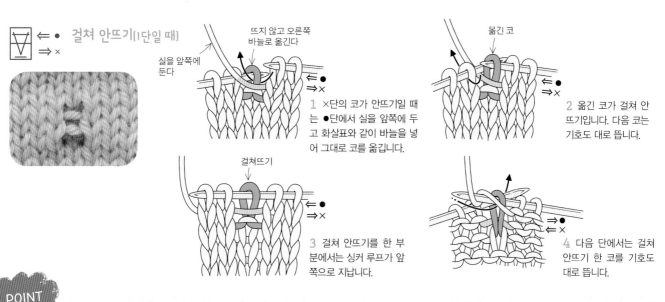

걸쳐 안뜨기(1단일 때)

뜨지 않고 오른쪽 바늘로 옮긴다

실을 앞쪽에 둔다

1 ×단의 코가 안뜨기일 때는 ●단에서 실을 앞쪽에 두고 화살표와 같이 바늘을 넣어 그대로 코를 옮깁니다.

옮긴 코

2 옮긴 코가 걸쳐 안뜨기입니다. 다음 코는 기호도 대로 뜹니다.

걸쳐뜨기

3 걸쳐 안뜨기를 한 부분에서는 싱커 루프가 앞쪽으로 지납니다.

4 다음 단에서는 걸쳐 안뜨기 한 코를 기호도대로 뜹니다.

POINT

무늬뜨기의 기호도 보는 방법

대바늘 손뜨개에서는 여러 가지 뜨개 기호가 조합된 '무늬뜨기'를 많이 합니다. 조합된 뜨개 기호에 관한 정보는 기호도에 나타나 있습니다. 기호도를 보는 방법은 아래와 같습니다.

무늬뜨기

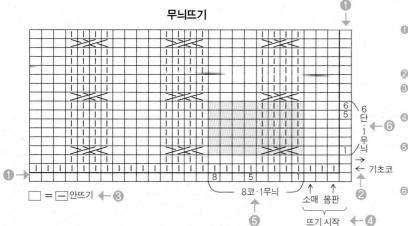

□ = ― 안뜨기 ←❸

8코·1무늬

소매 몸판

뜨기 시작 ←❹

❺

6
5
단
·
1
무
늬 ←❻

1

← 기초코

❶ → ❷

❶ 오른쪽 가장자리 세로줄은 단수, 아래쪽 가장자리 가로줄은 콧수를 나타냅니다. 이 부분은 뜨개 기호가 아니므로 뜨지 않습니다.

❷ 뜨는 방향을 나타냅니다.

❸ 기호도 안에서 뜨개 기호가 생략된 곳은 이 기호로 뜹니다. 왼쪽의 예에서는 안뜨기로 떠야 합니다.

❹ 뜨기 시작의 위치가 정해져 있을 때는 그 위치에서 뜨기 시작합니다.

❺ 무늬 하나를 뜨는 데 필요한 콧수입니다. 우선은 무늬에 들어가기 전의 코(몸판은 3코, 소매는 1코)를 뜨고, 그 후에 8코·1무늬를 반복합니다.

❻ 무늬 하나를 뜨는 데 필요한 단수입니다. 우선은 기초코와 2단을 뜨고, 그 후에 6단·1무늬를 반복합니다. 기호도의 단수는 기초코부터 세기 시작합니다.

작품을 떠보자

뜨개 기호와 뜨는 방법을 알면 뜰 수 있는 작품의 폭이 넓어집니다.
하나씩 익히다 보면 뜨고 싶은 작품이 늘어나 손뜨개가 더 즐거워집니다.

✻ 레그워머 leg warmer

교차뜨기로 뜬 레그워머입니다.
우선 한쪽을 완성하고 나면, 다른 한쪽은 완성된 쪽과 크기가 같도록
주의하면서 떠야 합니다.

디자인 / 오카모토 마키코
제작 / 오이시 나오코
사용한 실 / Puppy Bottonato

✳ 모자

레그워머와 같은 무늬로 뜬 모자입니다.
2코 모아뜨기로 코를 줄이면서 뜨면
머리에 꼭 맞는 둥근 모자를 예쁘게 뜰 수 있습니다.

디자인 / 오카모토 마키코 제작 / 오이시 나오코 사용한 실 / Puppy British Eroika

【 레그워머 뜨는 방법 】

× 실 Puppy Bottonato 분홍색(102) 135g
× 바늘 대바늘 7, 5호
× 게이지 10cm 평방 무늬뜨기 26.5코·25.5단
× 완성 치수 둘레 27cm, 길이 46cm

뜨는 방법의 포인트

별도사슬로 만드는 기초코를 72코 만들고, 원형뜨기로 무늬뜨기를 합니다. 84단까지 뜨고 나면 1코 고무뜨기를 하는데, 5호 바늘로 12단, 7호 바늘로 12단을 뜹니다. 다 뜨고 나면 마지막 단의 코에 맞춰서 겉뜨기는 겉뜨기로, 안뜨기는 안뜨기로 덮어씌웁니다. 별도사슬에서 5호 바늘로 코를 주워(140쪽) 1코 고무뜨기를 8단 뜨고, 다 뜨면 겉뜨기는 겉뜨기로, 안뜨기는 안뜨기로 덮어씌웁니다.

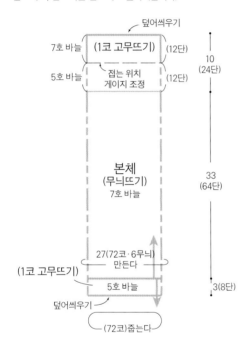

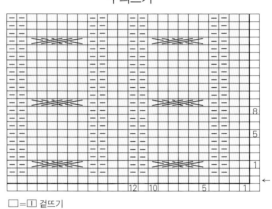

무늬뜨기

□ = □ 겉뜨기

*1코 고무뜨기의 기호도는 모자(61쪽)와 동일합니다.

왼코 위 3코 교차뜨기

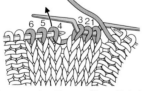

1 1·2·3의 코를 보조바늘로 옮겨서 뒤쪽에서 쉬게 하고, 4·5·6의 코를 4번부터 차례대로 겉뜨기로 뜹니다.

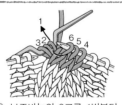

2 보조바늘의 3코를 1번부터 차례대로 겉뜨기로 뜹니다.

3 왼코 위 3코 교차뜨기가 완성되었습니다.

오른코 위 3코 교차뜨기

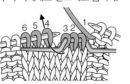

1 1·2·3의 코를 보조바늘로 옮겨서 앞쪽에서 쉬게 하고, 4·5·6의 코를 4번부터 차례대로 겉뜨기로 뜹니다.

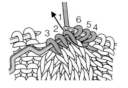

2 보조바늘의 3코를 1번부터 차례대로 겉뜨기로 뜹니다.

3 오른코 위 3코 교차뜨기가 완성되었습니다.

*이 작품에서는 '왼코 위 3코 교차뜨기'만 사용되었습니다.

【 모자 뜨는 방법 】

✖실 Puppy British Eroika 감색(101) 105g
✖바늘 대바늘 8, 7호
✖게이지 10㎝ 평방 무늬뜨기 26.5코·24단
✖완성 치수 머리둘레 54㎝, 깊이 21㎝

뜨는 방법의 포인트

별도사슬로 기초코를 144코 만들어 원형뜨기로 무늬뜨기를 합니다. 24단을 뜨고 나면 분산하여 코를 줄이면서(101쪽) 14단을 뜹니다. 다 뜨면 1코씩 걸러서 실을 꿰어 조입니다(112쪽). 이어서 별도사슬에서 코를 주워 1코 고무뜨기를 25단 뜨고, 다 뜨면 겉뜨기는 겉뜨기로, 안뜨기는 안뜨기로 덮어씌웁니다.

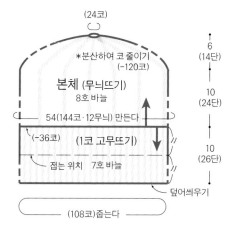

(24코)

*분산하여 코 줄이기
(-120코)

본체 (무늬뜨기)
8호 바늘

54(144코·12무늬) 만든다

(-36코) (1코 고무뜨기)

접는 위치 7호 바늘

덮어씌우기

(108코)줍는다

6
(14단)

10
(24단)

10
(26단)

1코 고무뜨기

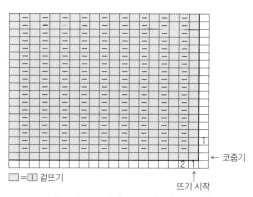

□ =Ⅰ 겉뜨기

코줍기

뜨기 시작

*모자를 뜰 때는 코를 줍는 단에서 '2코 겉뜨기, 2코 모아뜨기'를 반복하며 코를 줄인다.

모자의 무늬뜨기와 분산하여 코 줄이기

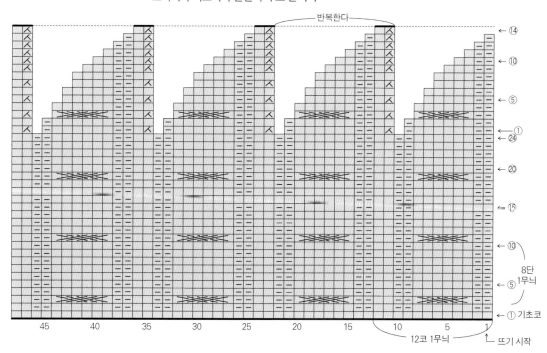

반복한다

⑭
⑩
⑤
①
㉔
⑳
⑮
⑩
⑤ 8단
1무늬
① 기초코

□ =Ⅰ

45 40 35 30 25 20 15 10 5 1

12코 1무늬

뜨기 시작

✳ 조끼

직사각형으로 뜨기만 하면 완성되는 조끼입니다.
구멍무늬로 뜨기 때문에 무겁지도 않습니다.
밑단과 목둘레의 방향을 바꿔서 입으면 또 다른 분위기를 연출할 수 있습니다.

디자인 / 오카모토 마키코
제작 / 오자와 도모코(小澤智子)
사용한 실 / Diamond Diamohairdeux Alpaca

【 조끼 뜨는 방법 】

× 실 Diamond Diamohairdeux Alpaca 분홍색(721) 210g
× 바늘 대바늘 6호
× 게이지 10cm 평방 무늬뜨기 A : 18.5코·26단 B : 18.5코·24단
× 완성 치수 147cm×64cm

뜨는 방법의 포인트

손가락으로 만드는 기초코를 272코 만든 다음, 양쪽 가장자리 3코는 가터뜨기, 가운데
는 무늬뜨기A로 뜹니다. 42단까지 뜬 다음, 가운데를 무늬뜨기B로 바꾸어 20단을 뜹니
다. 이어서 트임 부분을 뜹니다. 이때는 뜨개바탕을 좌우와 가운데, 세 곳으로 나누어 각
각 56단을 뜹니다. 다음 단에서 원래대로 되돌려 무늬뜨기B로 20단을 뜨고, 이어서 무
늬뜨기A를 20단 더 뜹니다. 다 뜨면 겉뜨기로 덮어씌워 코를 막습니다.

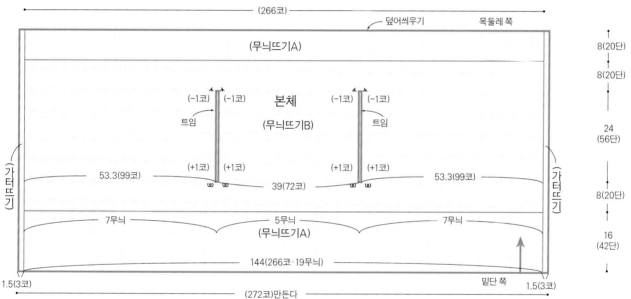

(266코)

덮어씌우기   목둘레 쪽

(무늬뜨기A)

8(20단)

8(20단)

(-1코) (-1코)   본체   (-1코) (-1코)

트임   (무늬뜨기B)   트임

24
(56단)

(+1코) (+1코)   (+1코) (+1코)

53.3(99코)   39(72코)   53.3(99코)

8(20단)

가
터
뜨
기

가
터
뜨
기

7무늬   5무늬   7무늬

(무늬뜨기A)

16
(42단)

144(266코·19무늬)

밑단 쪽

1.5(3코)   (272코)만든다   1.5(3코)

*바늘은 모두 6호 바늘로 뜬다.

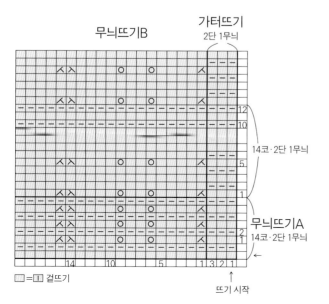

무늬뜨기B

가터뜨기
2단 1무늬

14코·2단 1무늬

무늬뜨기A
14코·2단 1무늬

12
10

5

1

2
1

14   10   5   1 3 2 1

뜨기 시작

□=[1] 겉뜨기

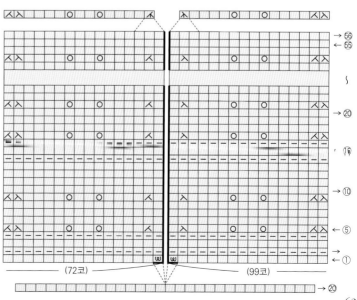

트임의 코 늘리기와 코 줄이기

→ 56
← 55

→ 20

→ 15

→ 10

← 5

→ ①

(72코)   (99코)

→ 20

대바늘 손뜨개가
재미있어지는 여러 기법

대바늘 손뜨개의 묘미이기도 한 배색뜨기를 중심으로
다양한 손뜨개 기법을 알아봅니다.
작품을 뜨기 전에 알아두어야 하는 게이지를 내는 방법,
단추 크기에 맞게 단춧구멍 뜨는 방법,
'어떻게 뜨는 걸까?' 하고 궁금해했던 주머니 뜨는 방법 등
알아두면 도움이 되는 기법들을 자세히 설명해두었습니다.

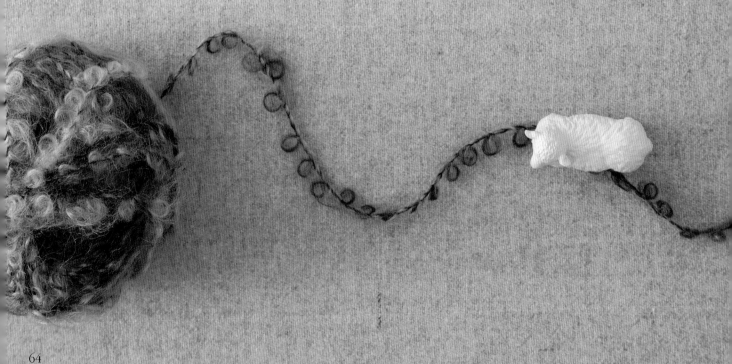

게이지에 관하여

게이지(Gauge)란 일반적으로 10㎝ 평방 안에 들어가는 콧수와 단수를 말합니다. 게이지는 실 굵기나 바늘 굵기, 뜨는 사람의 손놀림에 따라 달라집니다. 손뜨개 책에는 작품마다 게이지를 표시해둡니다. 이는 똑같은 게이지로 떠야 똑같은 크기의 작품을 완성할 수 있기 때문입니다. 같은 크기의 작품을 뜨고 싶다면 반드시 견본을 떠서 게이지를 확인한 후에 작품을 떠야 합니다.

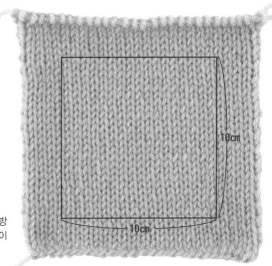

메리야스뜨기로 15㎝ 평방을 뜬 뜨개바탕의 예. 게이지는 17코·23단입니다.

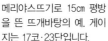

단계 1

게이지를 낸다

● 기초코의 수를 정한 다음 견본을 뜹니다. 게이지를 내기 위해서는 15~20㎝ 평방의 뜨개바탕이 필요한데, 이때 필요한 콧수는 게이지(뜨고 싶은 작품의 게이지)에 나와 있는 콧수의 1.5~2배입니다.

● 뜨고 싶은 작품이 메리야스뜨기일 때는 견본도 메리야스뜨기로 뜨고, 무늬뜨기일 때는 견본도 똑같은 무늬뜨기로 떠야 합니다. 필요한 단수는 뜨개바탕이 정사각형이 될 정도면 충분합니다.

● 다 뜨고 나면 실 끝을 적당한 길이로 자르고, 그 실 끝을 돗바늘에 꿰어 대바늘에 걸려 있는 코에 통과시켜 둡니다.

● 스팀다리미로 다려서 뜨개바탕을 정리합니다.

● 자나 줄자를 대고 10㎝ 평방 안의 콧수와 단수를 셉니다.

실의 라벨에 표기된 게이지

실의 라벨에도 표준 게이지가 표기되어 있습니다. 자기만의 독창적인 작품을 뜰 때는 이 게이지를 참고하시기 바랍니다.

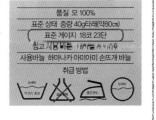

품질 모 100%
표준 상태 중량 40g타래(약90㎝)
표준 게이지 18코 23단
사용바늘 하마나카 아미아미 손뜨개 바늘
취급 방법

단계 2

게이지를 조정한다

자신의 게이지와 작품의 게이지를 비교해봅니다. 거의 같다면 도전해도 좋습니다. 만약 자신의 게이지가 많이 다르다면,

콧수×단수가 많다	콧수×단수가 적다
뜨개코가 작다는 뜻입니다. 1~2호 굵은 바늘로 다시 떠봅니다.	뜨개코가 크다는 뜻입니다. 1~2호 가는 바늘로 다시 떠봅니다.

초보자여서 뜨개코가 안정되지 않았다면 바늘을 바꾸지 않은 상태에서 책과 같은 정도의 뜨개코가 되도록 연습하는 것도 좋습니다. 견본을 미리 뜨면 뜨개실에 손이 익숙해진다는 장점이 있습니다.

단계 3

뜨는 도중에도 게이지를 확인한다

게이지용 뜨개바탕은 바로 풀지 말고 보관해야 합니다. 작품을 뜨다 보면 너무 몰두한 나머지 손에 힘이 들어가서 게이지를 냈을 때의 뜨개코와 크기가 달라지기도 합니다. 게이지용 뜨개바탕을 옆에 두고 가끔씩 뜨개코의 크기가 일정한지 확인해야 합니다. 또, 작품을 뜨다 보면 완성하기 직전에 실이 부족해지기도 합니다. 이럴 때는 게이지용 뜨개바탕을 풀어서 실을 이으면 곤란한 상황을 지혜롭게 넘길 수 있습니다.

줄무늬와 배색뜨기

배색뜨기란 여러 색깔의 실로 무늬를 표현하는 기법을 말합니다. 뜨개바탕의 안쪽에 가로나 세로로 실을 걸쳐서 뜨기도 하고, 뜨는 실로 뜨지 않는 실을 감싸면서 뜨기도 합니다. 배색뜨기를 할 때는 일반적으로 메리야스뜨기를 사용하므로 실을 걸치는 방법만 익히면 누구나 쉽게 뜰 수 있습니다.

가로줄무늬

폭이 좁은 가로줄무늬

줄무늬의 폭이 좁을 때는 실을 자르지 않고 세로 방향으로 걸치면서 뜹니다.

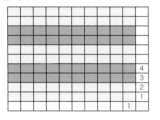

3단 (겉을 보며 뜨는 단)

1 바탕실로 2단까지 뜬 다음, 3단에서 배색실을 걸어 겉뜨기를 합니다.

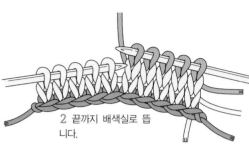

2 끝까지 배색실로 뜹니다.

4단 (안을 보며 뜨는 단)

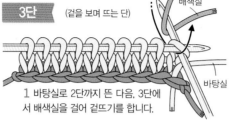

3 뜨개바탕을 뒤집어서 계속해서 배색실로 안뜨기를 합니다.

5단 (겉을 보며 뜨는 단)

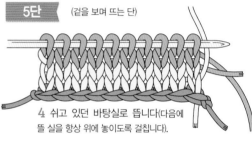

4 쉬고 있던 바탕실로 뜹니다(다음에 뜰 실을 항상 위에 놓이도록 걸칩니다).

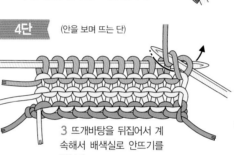

5 바탕실로 겉뜨기를 합니다.

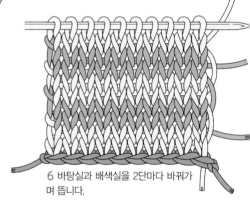

6 바탕실과 배색실을 2단마다 바꿔가며 뜹니다.

폭이 넓은 가로줄무늬

10단 정도로 폭이 넓은 가로줄무늬를 뜰 때는 실을 바꿀 때마다 실을 자릅니다.

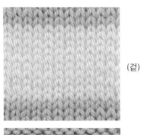
(겉)

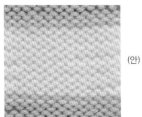
(안)

실 정리

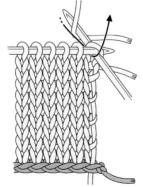

1 뜨던 실을 약 8cm 정도 남기고 자른 다음, 새로운 배색실을 바늘에 겁니다.

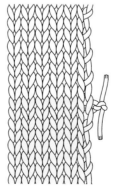

2 배색실로 2~3코를 뜬 다음, 뜨개바탕의 가장자리에서 바탕실과 배색실의 실 끝을 가볍게 묶어둡니다.

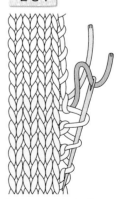

3 다 뜨고 나면 매듭을 풀고, 바탕실은 뜨개바탕의 아래쪽 가장자리 코에 5~6단 정도 통과시킨 다음 자릅니다.

4 배색실은 위쪽으로 통과시켜서 정리합니다.

세로줄무늬

실을 세로로 걸치는 세로줄무늬

뜨개바탕이 얇게 완성되므로 굵은 실에 알맞은 방법입니다. 줄무늬 수만큼 실타래를 준비해야 합니다.

(겉)

(안)

 **겉을 보며 뜨는 단** 배색실 교차시킨다

1 바탕실로 무늬의 경계까지 뜬 다음, 배색실이 위로 가도록 두 실을 교차시킵니다.

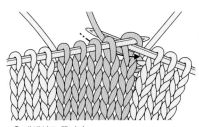

2 배색실로 뜹니다.

안을 보며 뜨는 단

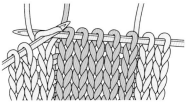

3 배색실로 다 뜨고 나면 바탕실이 위로 가도록 두 실을 교차시켜서 바탕실로 뜹니다.

4 바탕실로 무늬의 경계까지 뜬 후, 바탕실이 위로 가도록 두 실을 교차시킵니다.

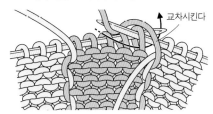 교차시킨다

5 배색실로 뜹니다.

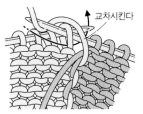 교차시킨다

6 배색실로 다 뜨고 나면 배색실이 위로 가도록 두 실을 교차시킵니다.

실을 가로로 걸치는 세로줄무늬

바탕실은 가로로, 배색실은 세로로 걸쳐놓고 뜹니다. 바탕실은 한 가닥으로 뜹니다.

(겉)

(안)

 **겉을 보며 뜨는 단**

1 바탕실에서 배색실로 바꾸어 3코 뜬 다음, 다시 바탕실로 바꾸어 1코 뜹니다 (바탕실은 배색실 위에 걸칩니다).

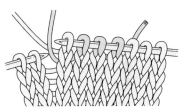

2 배색실이 바탕실 위에 놓이도록 두 실을 교차시킨 다음, 바탕실로 뜹니다.

안을 보며 뜨는 단

3 바탕실도 배색실 앞에까지 뜨고, 배색실을 바탕실 위로 걸쳐서 3코 뜹니다.

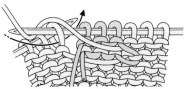

4 바탕실을 배색의 위로 걸쳐서 1코 뜹니다.

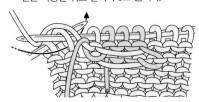

5 배색실이 위에 오도록 두 실을 교차시키고, 바탕실로 뜹니다.

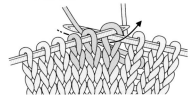

6 겉과 안 모두 바탕실에서 배색실로 바꿀 때는 그대로 뜨고, 배색실에서 바탕실로 바꿀 때는 바탕실로 1코를 뜬 다음에 배색실이 위로 가도록 교차시킵니다.

실을 가로로 걸치는 배색뜨기

바탕실과 배색실을 가로 방향으로 바꿔가면서 뜹니다. 뜨지 않는 실은 안쪽에 가로 방향으로 걸쳐둡니다. 자잘한 무늬나 가로로 연속한 무늬에 알맞습니다.

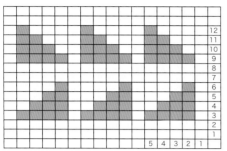

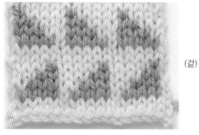

(겉)

(안)

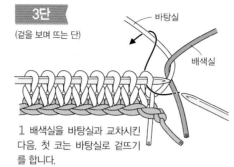

3단 (겉을 보며 뜨는 단)

바탕실

배색실

1 배색실을 바탕실과 교차시킨 다음. 첫 코는 바탕실로 겉뜨기를 합니다.

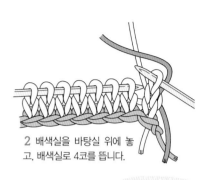

2 배색실을 바탕실 위에 놓고, 배색실로 4코를 뜹니다.

걸쳐지는 실이 너무 팽팽 지지 않도록 주의하세요!

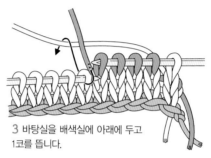

3 바탕실을 배색실에 아래에 두고 1코를 뜹니다.

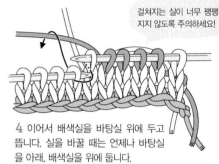

4 이어서 배색실을 바탕실 위에 두고 뜹니다. 실을 바꿀 때는 언제나 바탕실을 아래, 배색실을 위에 둡니다.

5 3~4를 끝까지 반복합니다. 3단을 다 뜬 모습입니다.

4단 (안을 보며 뜨는 단)

⚑주의!

걸쳐지는 실이 팽팽하면 뜨개바탕이 구겨집니다. 뜨지 않는 콧수의 길이만큼 충분히 여유를 두고 걸쳐놓아야 합니다.

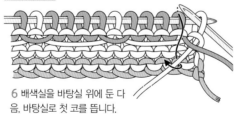

6 배색실을 바탕실 위에 둔 다음, 바탕실로 첫 코를 뜹니다.

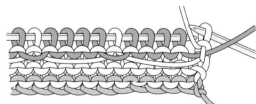

7 첫 코를 안뜨기로 떴습니다. 두 번째 코도 바탕실로 안뜨기를 합니다.

8 배색실을 바탕실 위에 두고, 배색실로 안뜨기를 합니다.

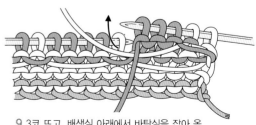

9 3코 뜨고, 배색실 아래에서 바탕실을 잡아 올려 2코 뜹니다. 같은 방법으로 계속 뜹니다.

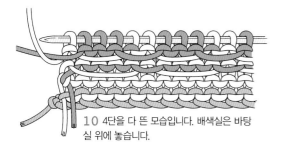

10 4단을 다 뜬 모습입니다. 배색실은 바탕
실 위에 놓습니다.

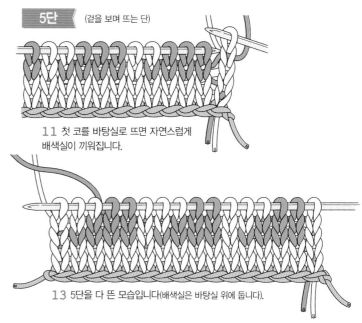

5단 (겉을 보며 뜨는 단)

11 첫 코를 바탕실로 뜨면 자연스럽게
배색실이 끼워집니다.

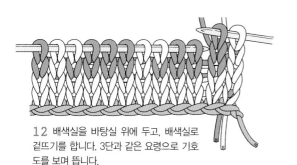

12 배색실을 바탕실 위에 두고, 배색실로
겉뜨기를 합니다. 3단과 같은 요령으로 기호
도를 보며 뜹니다.

13 5단을 다 뜬 모습입니다(배색실은 바탕실 위에 둡니다).

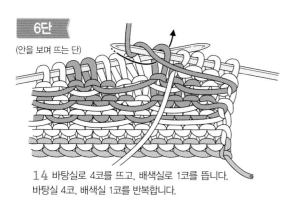

6단
(안을 보며 뜨는 단)

14 바탕실로 4코를 뜨고, 배색실로 1코를 뜹니다.
바탕실 4코, 배색실 1코를 반복합니다.

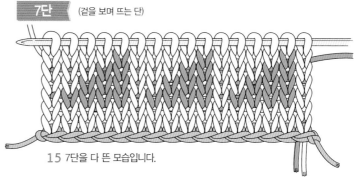

7단 (겉을 보며 뜨는 단)

15 7단을 다 뜬 모습입니다.

이럴 때는?

걸치는 실이 길어서 뜨기 불편해요

걸치는 실이 너무 길 때는 중간중간에 실을 끼워 넣습니다. 걸치는 실의 길
이가 너무 딱 맞으면 뜨개바탕이 울게 되므로 조금 여유를 두어야 합니다.

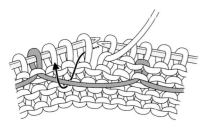

1 안을 보며 뜨는 단에서 왼쪽 바늘의 코와
걸치는 실을 같이 겁니다.

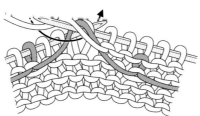

2 그 상태로 안뜨기를 합니다.

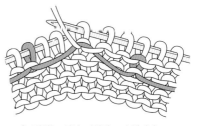

3 걸치는 실이 끼워진 모습입니다.
이어서 계속 뜹니다.

걸치는 실을 감아 뜨는 배색뜨기

전면에 퍼진 큰 무늬를 뜰 때 알맞은 방법입니다. 바탕실과 배색실을 코마다 교차시키면서 뜨기 때문에 뜨개
바탕이 두툼하고 단단합니다.

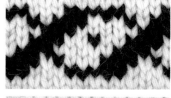

※ 그림은 기법을 설명하는 데 초점이 맞춰져 있어
서 위의 사진과 무늬가 다릅니다.

겉을 보며 뜨는 단

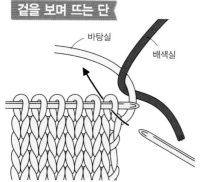

1 배색실과 바탕실을 교차시킨 상태
에서 첫 코를 바탕실로 뜹니다.

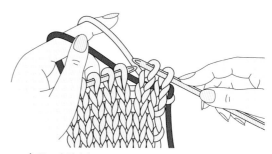

2 두 실을 왼손에 걸쳐두는데, 바탕실(뜨는
실)은 오른쪽에, 배색실은 왼쪽에 둡니다.

3 배색실 위로 바탕실을 걸어 뜹니다. 엄지로 배색실을
누르면 뜨기 쉽습니다.

4 뜬 모습입니다.

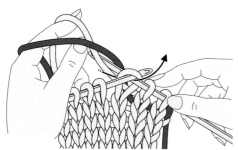

5 다음 코는 배색실 아래로 바탕실을 걸어 뜹니다.

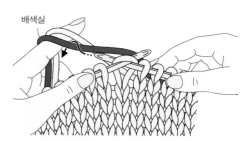

6 배색실로 뜨는 곳까지 3~5를 반복하며 바탕실
로 뜨고, 이어서 배색실로 첫째 코를 뜹니다.

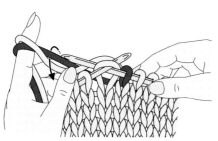

7 왼손 엄지로 바탕실을 당겨 누르고, 그 위로
배색실을 걸어 배색실의 둘째 코를 뜹니다.

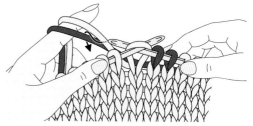

8 바탕실을 되돌리고, 이어서 바탕실 아래로
배색실을 걸어 다음 코를 뜹니다.

안을 보며 뜨는 단

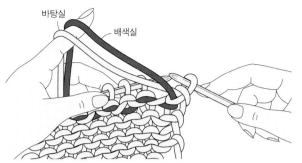

바탕실

배색실

1 배색실이 바탕실에 끼워지도록 두 실을 교차시켜 놓고 첫 코를 바탕실로 뜹니다. 왼손에 두 실을 걸치는데, 바탕실(뜨는 실)은 왼쪽에, 배색실은 오른쪽에 둡니다.

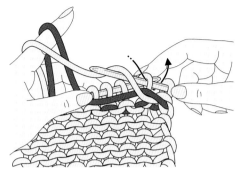

2 둘째 코는 배색실 아래에서 바탕실을 걸어 뜹니다.

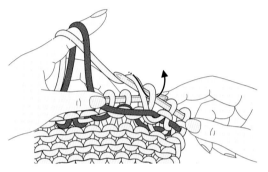

3 다음 코는 배색실 위에서 바탕실을 걸어 뜹니다.

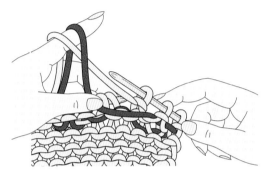

4 뜬 모습입니다. 배색실의 위와 아래를 번갈아가며 바탕실로 뜹니다.

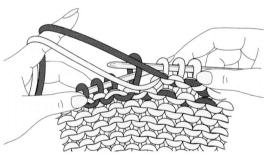

5 배색실의 첫째 코는 바탕실 위에서 배색실을 걸어 뜹니다.

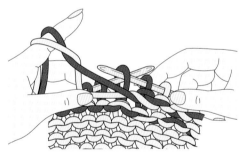

6 다음 코는 바탕실 아래에서 배색실을 걸어 뜹니다.

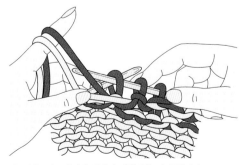

7 다음 코는 바탕실 위에서 배색실을 걸어 뜹니다.

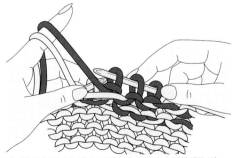

8 뜬 모습입니다. 계속 바탕실과 배색실의 위아래를 번갈아가며 뜹니다.

실을 세로로 걸치는 배색뜨기

세로로 연속된 무늬나 큰 무늬를 뜰 때 알맞은 방법입니다. 실을 세로로 걸치며 뜨기 때문에 색의 수민금 실타래를 준비해야 합니다. 여기에서는 실의 흐름을 쉽게 알아볼 수 있도록 3가지 색으로 설명합니다.

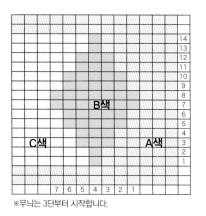

※무늬는 3단부터 시작합니다.

(겉)

(안)

🛡 주의!

실을 바꿀 때는 이제까지 뜬 실과 반드시 교차시켜야 합니다. 교차시키지 않고 뜨면 색의 경계에 구멍이 생기게 되므로 주의하세요!

3단

(겉을 보며 뜨는 단)

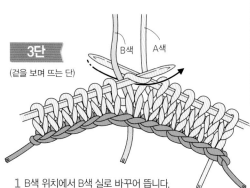

1 B색 위치에서 B색 실로 바꾸어 뜹니다.

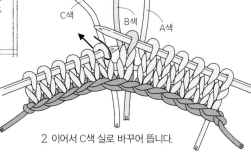

2 이어서 C색 실로 바꾸어 뜹니다.

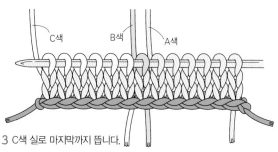

3 C색 실로 마지막까지 뜹니다.

4단

(안을 보며 뜨는 단)

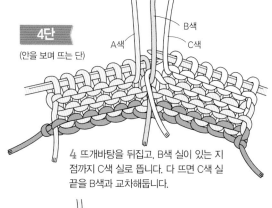

4 뜨개바탕을 뒤집고, B색 실이 있는 지점까지 C색 실로 뜹니다. 다 뜨면 C색 실 끝을 B색과 교차해둡니다.

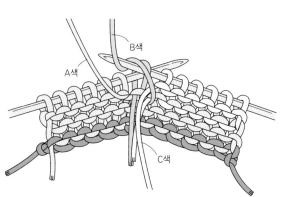

5 C색의 뜨던 실도 B색과 교차해두고, 다음 코는 B색 실로 뜹니다.

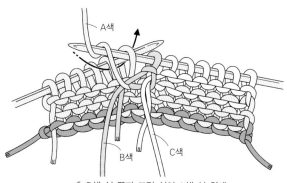

6 B색 실 끝과 뜨던 실이 A색 실 위에 오도록 A색 실을 들어 올려 뜹니다.

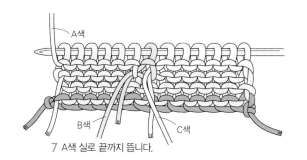

7 A색 실로 끝까지 뜹니다.

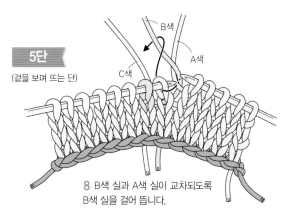

5단

(겉을 보며 뜨는 단)

8 B색 실과 A색 실이 교차되도록 B색 실을 걸어 뜹니다.

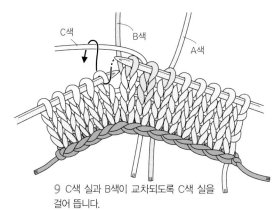

9 C색 실과 B색이 교차되도록 C색 실을 걸어 뜹니다.

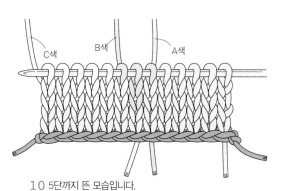

10 5단까지 뜬 모습입니다.

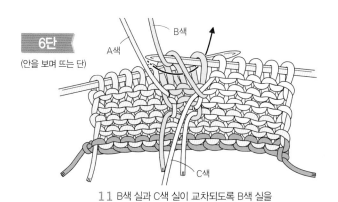

6단

(안을 보며 뜨는 단)

11 B색 실과 C색 실이 교차되도록 B색 실을 걸어 뜹니다.

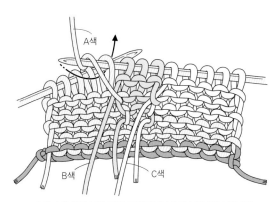

12 A색 실과 B색 실이 교차되도록 A색 실을 걸어 뜹니다.

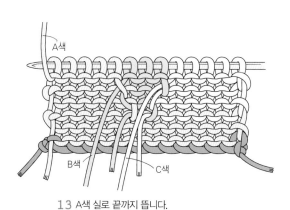

13 A색 실로 끝까지 뜹니다.

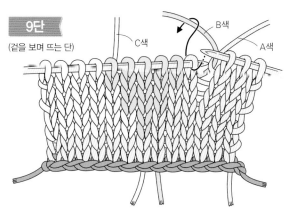

9단

(겉을 보며 뜨는 단)

14 B색 실과 A색 실이 교차되도록 B색 실을 걸어 뜹니다.

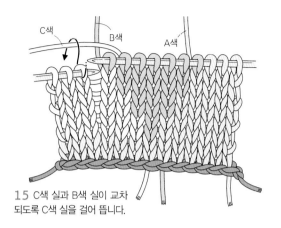

15 C색 실과 B색 실이 교차
되도록 C색 실을 걸어 뜹니다.

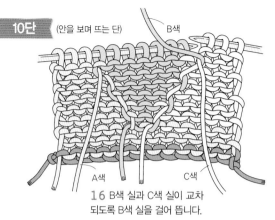

10단 (안을 보며 뜨는 단)

16 B색 실과 C색 실이 교차
되도록 B색 실을 걸어 뜹니다.

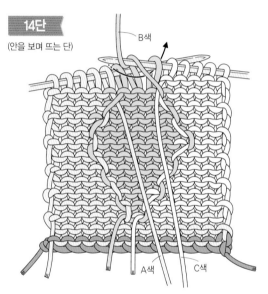

14단
(안을 보며 뜨는 단)

17 항상 실이 교차되도록 걸어놓고 뜹니다.

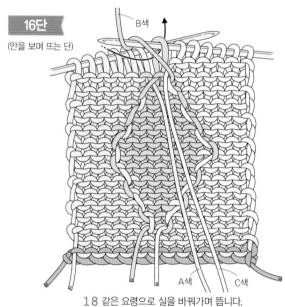

16단
(안을 보며 뜨는 단)

18 같은 요령으로 실을 바꿔가며 뜹니다.

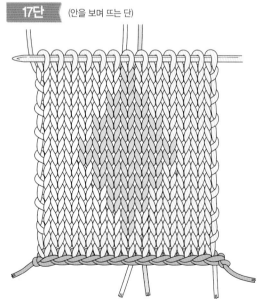

17단 (안을 보며 뜨는 단)

19 17단을 다 뜬 모습입니다.

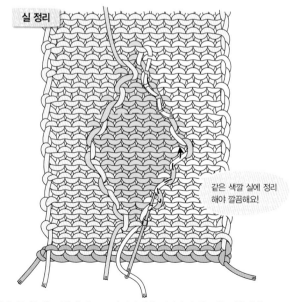

실 정리

같은 색깔 실에 정리
해야 깔끔해요!

20 돗바늘을 이용해 세로로 걸쳐진 실을 갈라가며 실 끝을 끼웁니다.

74

메리야스자수

작은 원 포인트 무늬나 배색뜨기로 뜬 무늬에 색을 추가하고 싶을 때
사용하는 편리한 방법입니다.

뜨개코의 크기와 똑같아
지도록 실을 당깁니다.

세로로 수놓기

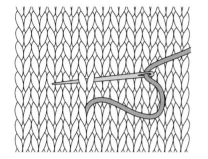

1 코의 중심에서 바늘을 빼내어 1단 위의 V자 모양 실을 뜨고 실을 당깁니다.

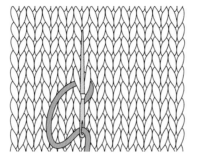

2 바늘을 빼낸 위치에 다시 바늘을 넣고, 같은 코의 중심으로 바늘을 빼냅니다.

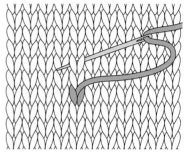

3 1~2를 반복합니다.

가로로 수놓기

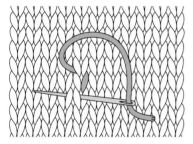

2 1은 세로로 수놓는 방법과 똑같습니다. 바늘을 빼낸 위치에 다시 바늘을 넣고, 그 왼쪽 코의 중심으로 바늘을 빼냅니다.

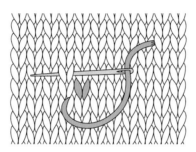

3 1단 위의 V자 실을 뜨고 실을 당깁니다. 2~3을 반복합니다.

사선으로 수놓기

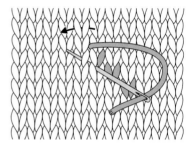

바늘을 빼낸 위치에 다시 바늘을 넣고, 1단·1코 사선 위로 바늘을 빼냅니다. 이어서 1단 위의 코를 뜹니다.

알면 편리한 TIP

방울 만드는 방법

두꺼운 종이만 있으면 쉽게 방울을 만들 수 있습니다. 머플러나 모자 등 포인트 장식으로 활용해보세요.

두꺼운 종이

1 방울의 지름보다 조금 길고(★) 두꺼운 종이에 지정한 횟수만큼 실을 감고, 가운데를 꽉 묶어줍니다.

자른다   꽉 묶는다

2 두꺼운 종이에서 실을 벗겨내고, 양쪽 끝의 고리를 자릅니다.

다듬는다

3 둥글게 다듬어줍니다. 가운데를 묶은 실은 조금 길게 남겨놓고, 그 실을 뜨개바탕에 연결합니다.

단춧구멍 뜨는 방법

1코 단춧구멍
(1코 고무뜨기)

겉을 보며 뜨는 단

1 안뜨기 앞에서 걸기코를 하고, 다음 2코를 왼코 겹쳐 2코 모아뜨기로 뜹니다.

2 걸기코와 왼코 겹쳐 2코 모아뜨기를 한 모습입니다.

안을 보며 뜨는 단

3 앞단의 2코 모아뜨기는 안뜨기로, 걸기코는 겉뜨기로 뜹니다.

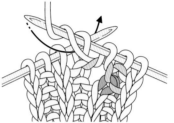

4 다음 코부터는 앞단의 코와 같은 뜨개코로 뜹니다.

5 겉에서 본 완성 모습입니다.

2코 단춧구멍
(2코 고무뜨기)

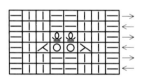

겉을 보며 뜨는 단

1 오른코 겹쳐 2코 모아뜨기를 하고, 걸기코를 2코 합니다. 이어서 2코에 화살표와 같이 바늘을 넣어 왼코 겹쳐 2코 모아뜨기를 합니다.

2 오른코 겹쳐 2코 모아뜨기, 걸기코 2코, 왼코 겹쳐 2코 모아뜨기를 한 모습입니다.

안을 보며 뜨는 단

3 걸기코 2코는 오른쪽 바늘을 화살표와 같이 넣어 각각 돌려뜨기를 합니다.

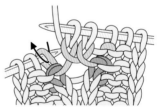

4 다음 코에는 안뜨기를 합니다.

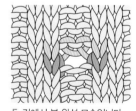

5 겉에서 본 완성 모습입니다.

단추 다는 방법

실은 뜨개바탕과 똑같은 실을 사용합니다. 실이 굵으면 실을 나누어(139쪽) 사용합니다.

1 실 끝을 매듭짓고, 단추의 뒤쪽에서 바늘을 넣습니다. 다시 뒤쪽으로 바늘을 넣어 실 고리에 통과시킵니다.

2 뜨개바탕을 살짝 뜨고, 뜨개바탕의 두께만큼 기둥을 만듭니다.

3 실기둥에 실을 몇 번 감습니다.

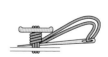

4 기둥 사이로 바늘을 넣습니다.

5 바늘을 뜨개바탕 안쪽으로 빼내, 매듭을 짓고 실 끝을 자릅니다.

세로 단춧구멍
(1코 고무뜨기)

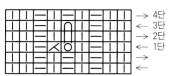

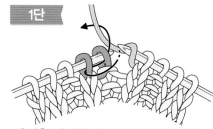

1 단춧구멍 위치의 안뜨기 앞에서 걸기코를 하고, 다음 2코에 왼코 겹쳐 2코 모아뜨기를 합니다.

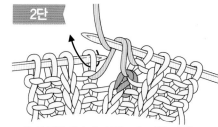

2 앞 단의 걸기코는 걸쳐뜨기로 실을 걸어놓고, 다음 코부터는 고무뜨기를 합니다.

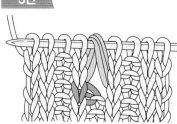

3 다음 단도 걸기코는 걸쳐뜨기로 실을 걸어놓고, 다음 코부터는 고무뜨기를 합니다.

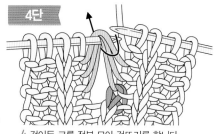

4 걸어둔 코를 전부 모아 겉뜨기를 합니다.

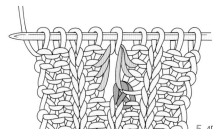

5 4단을 뜬 모습입니다.

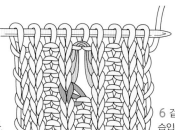

6 겉에서 본 완성 모습입니다.

억지 단춧구멍

구멍을 만들지 않고 뜨개바탕을 완성한 다음에 버튼홀 스티치로 구멍을 내는 방법입니다.

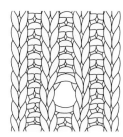

1 단추가 들어갈 위치의 뜨개코를 위아래로 벌립니다.

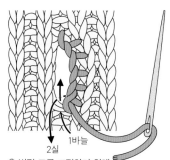

2 벌린 코를 고정하기 위해 버튼홀 스티치를 합니다.

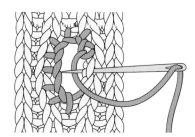

3 한 바퀴 빙 돌아가며 스티치를 합니다.

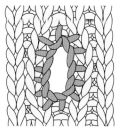

4 안쪽에서 실을 정리하면 완성됩니다.

버튼홀 스티치를 하는 방법

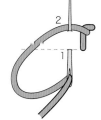

바늘을 넣어 반쯤 뺍니다. 실을 걸고 바늘을 마저 뺍니다. 이 과정을 반복합니다. 땀이 너무 촘촘하면 단추를 끼우기 어려우니 주의하세요.

주머니 뜨는 방법

주머니를 뜨는 방법에는 별도로 뜬 주머니를 뜨개바탕에 덧다는 방법과 뜨개바탕에 별도의 실을 떠 넣어 나중에 이를 풀어서 뜨는 방법이 있습니다. 여기에서는 후자의 방법으로 뜨는 세트인 포켓을 알아봅니다.

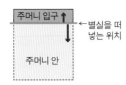

별실을 떠 넣는 위치

주머니 입구 ↑

↓ 주머니 안

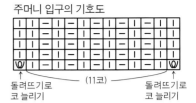

주머니 입구의 기호도

(11코)

돌려뜨기로 코 늘리기   돌려뜨기로 코 늘리기

주머니를 뜬다

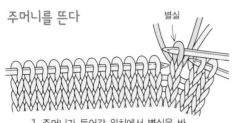

별실

1 주머니가 들어갈 위치에서 별실을 바늘에 걸어 지정한 콧수(기호도에서는 11코)만큼 뜹니다.

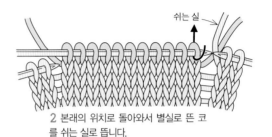

쉬는 실

2 본래의 위치로 돌아와서 별실로 뜬 코를 쉬는 실로 뜹니다.

> **장갑에도 응용!**
>
> 별실을 떠 넣어서 나중에 코를 줍는 이 기법은 장갑에서 손가락 부분을 뜰 때도 응용할 수 있습니다.

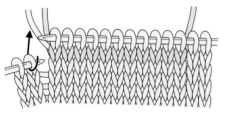

3 주머니 입구를 다 뜨고 나면 그 상태로 남은 뜨개바탕(몸판)을 뜹니다.

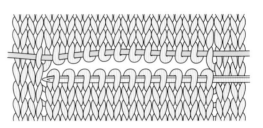

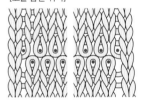

[코를 줍는 위치]

4 몸판을 다 뜨면 별실을 풀면서 코를 줍습니다. 아래쪽은 대바늘에, 위쪽은 실에 끼우면서 별실을 풉니다. 위쪽은 싱커 루프이므로 좌우의 반코도 같이 줍습니다. 이렇게 하면 위쪽이 아래쪽보다 1코 많아집니다.

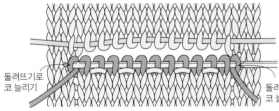

돌려뜨기로 코 늘리기   돌려뜨기로 코 늘리기

5 아래쪽 코로 주머니 입구를 뜨고, 위쪽 코로 주머니 안쪽을 뜹니다. 주머니 입구는 시접의 양만큼 코를 늘리기 위해 1단에서 양쪽 끝에 돌려뜨기를 합니다.

주머니 안쪽을 몸판에 단다

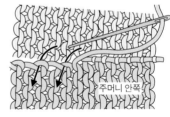

주머니 안쪽

주머니 안쪽에 해당하는 뜨개바탕은 가장자리를 따라 몸판 안쪽에 꿰맵니다. 겉에서 보이지 않도록 반으로 나눈 실로 꿰맵니다.

주머니 입구를 몸판에 단다

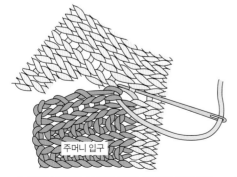

주머니 입구

1 주머니 입구의 실 끝을 돗바늘에 꿰어 주머니 입구의 1단과 같은 단의 몸판 쪽 싱커 루프를 뜹니다.

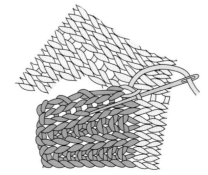

2 주머니 입구 쪽 1단에 싱커 루프를 뜹니다.

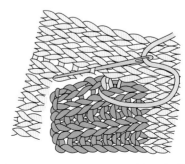

3 주머니 입구의 끝까지 떠서 꿰매기를 반복합니다. 마지막 모서리는 조금 더 튼튼하게 꿰맵니다.

작품을 뜨는 데
도움이 돼요!

끈을 뜨는 방법

코바늘로 만드는 끈은 대바늘 손뜨개 작품에 자주 등장하므로 알아두면 편리합니다.
사슬뜨기는 18쪽의 별도사슬 뜨는 방법을 참조하세요.

빼뜨기로 만드는 끈

사슬의 코가 2중으로 겹쳐집니다. 사슬은 길게 떠두고, 여유분은 나중에 풀어버립니다.

1코 건너뛴다

1 사슬을 길게 뜨고, 사슬 1코를 건너뛰고 다음 코의 코산에 바늘을 넣고 실을 걸어 빼냅니다.

2 다음 코도 코산에 바늘을 넣고 실을 걸어 빼냅니다.

3 2를 반복합니다.

스레드 끈

쉽게 뜰 수 있어서 알아두면 편리합니다. 완성 모습은 빼뜨기로 만든 끈과 비슷합니다.

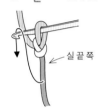

실 끝 쪽

1 실 끝을 필요한 길이의 3배 정도 남기고, 사슬의 가장자리 코를 만듭니다. 실 끝을 화살표와 같이 바늘에 걸고,

2 바늘 끝에 실을 걸어 빼냅니다.

3 '실 끝을 바늘에 걸고 사슬 뜨기를 반복합니다.

이중사슬뜨기

사슬을 2줄로 나란히 뜬다고 생각하면 쉽습니다. 좀 더 튼튼한 끈을 원할 때 알맞습니다.

벗겨낸다

1 사슬을 1코 뜨고, 그 코산에 바늘을 넣습니다.

2 실을 걸어 코산으로 빼냅니다.

3 2에서 만든 코를 바늘에서 벗겨내고, 그 코가 풀리지 않도록 손가락으로 누릅니다.

4 사슬을 1코 뜨고, 벗긴 코 뒤쪽에서 바늘을 넣은 다음.

5 실을 걸어 빼냅니다.

6 3~5를 반복합니다.

새우뜨기

뜨개코가 새우의 마디처럼 생겼다고 해서 새우뜨기라고 합니다. 질감이 독특한 끈입니다.

1 사슬을 2코 뜨고, 첫째 코의 반코와 코산에 바늘을 넣고, 실을 걸어 빼냅니다.

2 다시 한 번 실을 걸어 2개의 고리로 빼냅니다.

3 1의 두 번째 사슬 반코에 바늘을 넣고, 그대로 뜨개바탕을 왼쪽으로 돌립니다.

4 실을 걸어 빼내고,

5 다시 한 번 실을 걸어 2개의 고리로 빼냅니다.

6 화살표와 같이 2개의 고리에 바늘을 넣고,

7 뜨개바탕을 왼쪽으로 돌립니다.

8 실을 걸어 2개의 고리로 빼내고,

9 다시 한 번 실을 걸어 빼냅니다.

10 6~9를 반복합니다. 뜨개바탕을 항상 왼쪽으로 돌리며 뜹니다.

작품을 떠보자

많은 사람의 사랑을 받는 배색뜨기 작품을 직접 떠보아요.
무늬가 완성될수록 손뜨개의 즐거움도 커진답니다.

✳ **오버스커트**

청바지나 레깅스와 잘 어울리는 오버스커트입니다.
여러 가지 색이 쓰였지만 비교적 단순한 무늬이므로
어렵지 않게 완성할 수 있습니다.

디자인 / 오카모토 마키코
사용한실 / Puppy British Eroika

【 오버스커트 뜨는 방법 】

× **실** Puppy British Eroika 진한 감색(102) 210g, 베이지색(182), 블루그레이색(178), 장미색(168) 각 20g
× **바늘** 대바늘 9, 7호 코바늘 10/0호(기초코용)
× **기타** 너비 1.5cm, 길이 145cm의 리본
× **게이지** 10cm 평방 배색뜨기, 메리야스뜨기 모두 18코·24단
× **완성 치수** 둘레 98cm, 옷길이 40cm

뜨는 방법의 포인트

별도사슬로 만드는 기초코를 176코 만들고, 원형뜨기로 배색뜨기를 44단 뜹니다. 이어서 메리야스뜨기를 22단 뜹니다. 7호 바늘로 바꾸어 2코 고무뜨기를 24단 뜨는데, 11단에는 리본 구멍(걸기코)을 넣어야 합니다. 다 뜨면 겉뜨기는 겉뜨기로, 안뜨기는 안뜨기로 덮어씌웁니다. 7호 바늘로 뜨기 시작 쪽의 기초코(별도사슬)에서 코를 주워(140쪽) 가터뜨기를 7단 뜨고, 그 후 안뜨기를 하면서 덮어씌우기로 코를 막습니다. 구멍에 리본을 꿰입니다.

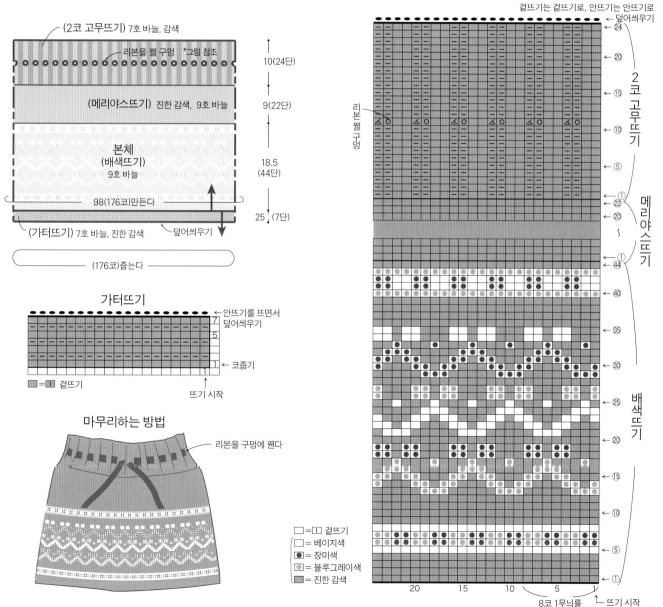

(2코 고무뜨기) 7호 바늘, 감색
리본을 꿸 구멍 *그림 참조 — 10(24단)
(메리야스뜨기) 진한 감색, 9호 바늘 — 9(22단)
본체 (배색뜨기) 9호 바늘 — 18.5 (44단)
98(176코)만든다
(가터뜨기) 7호 바늘, 진한 감색 — 덮어씌우기 — 25 (7단)
(176코)줍는다

가터뜨기
← 안뜨기를 뜨면서 덮어씌우기
← 코줍기
뜨기 시작
■ =Ⅰ 겉뜨기

마무리하는 방법
리본을 구멍에 꿴다

겉뜨기는 겉뜨기로, 안뜨기는 안뜨기로
← 덮어씌우기

2코 고무뜨기

메리야스뜨기

배색뜨기

리본 꿸 구멍

□ =Ⅰ 겉뜨기
□ = 베이지색
◉ = 장미색
◉ = 블루그레이색
■ = 진한 감색

8코 1무늬를 22회 반복한다
뜨기 시작

81

✳ 모자

빨간색과 흰색으로 눈의 결정을 표현한, 북유럽 느낌의 모자입니다.
원형뜨기로 뜨기 때문에 안쪽에 걸치는 실이
너무 팽팽하지 않도록 주의해야 합니다.

디자인 / 오카모토 마키코
제작 / 오자와 도모코
사용한 실 / Puppy Queen Anny

【 모자 뜨는 방법 】

× 실 Puppy Queen Anny 빨간색(818) 55g, 베이지색(812) 20g
× 바늘 대바늘 6, 4호 코바늘 8/0호(기초코용)
× 게이지 10㎝ 평방 배색뜨기, 메리야스뜨기 모두 20코·26단
× 완성 치수 머리둘레 56㎝, 깊이 21.5㎝

뜨는 방법의 포인트

별도사슬로 만드는 기초코를 112코 만들고, 원형으로 배색뜨기를 30단 뜹니다. 이어서 메리야스뜨기를 18단 뜨는데, 5단부터는 분산하여 코를 줄입니다. 다 뜨면 1코 걸러 1코씩 실을 꿰어 조입니다 (128쪽). 뜨기 시작 쪽 기초코에서 코를 주워(140쪽) 1코 고무뜨기를 8단 뜨고, 다 뜨면 1코 고무뜨기 코마무리(124쪽)를 합니다.

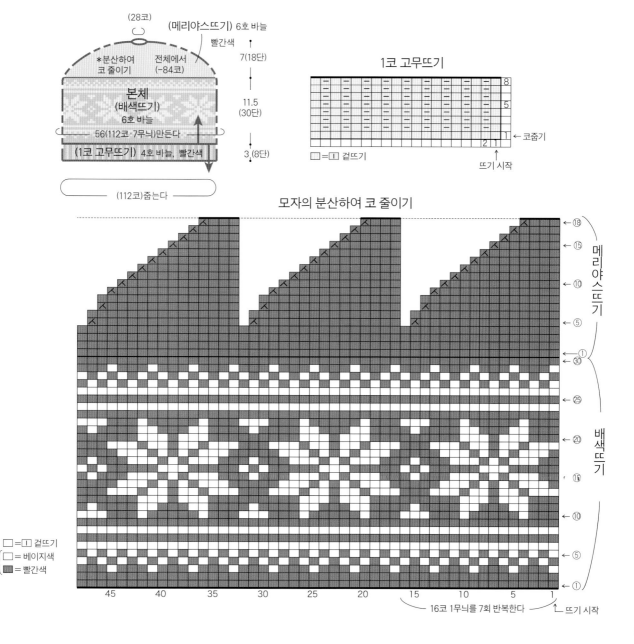

(28코)

(메리야스뜨기) 6호 바늘

빨간색

*분산하여 코 줄이기   전체에서 (-84코)

7(18단)

본체
(배색뜨기)
6호 바늘

11.5
(30단)

56(112코·7무늬)만든다

(1코 고무뜨기) 4호 바늘, 빨간색

3(8단)

(112코)줍는다

1코 고무뜨기

8
5
1 ← 코줍기
2 1
뜨기 시작

□ = ① 겉뜨기

모자의 분산하여 코 줄이기

⑱
⑮
⑩
⑤
①
㉚
㉕
⑳
⑮
⑩
⑤
①

메리야스뜨기

배색뜨기

□ = ① 겉뜨기
□ = 베이지색
■ = 빨간색

45   40   35   30   25   20   15   10   5   1

16코 1무늬를 7회 반복한다   ← 뜨기 시작

✳ 핸드워머

핸드워머가 너무 두툼해지지 않도록 약간 가는 실로 뜹니다.
엄지손가락이 나오는 디자인이어서 손가락을 자유롭게 쓸 수 있고,
그러면서도 손등이 완전히 덮여 따뜻합니다.
초보자가 뜨기에는 어려울 수도 있습니다.

디자인 / 오카모토 마키코   제작 / 오자와 도모코
사용한 실 / RichMore Percent

【 핸드워머 뜨는 방법 】

× 실 RichMore Percent 베이지색(98)20g, 연한 갈색(100)15g, 분홍색(65), 초록
색(104), 갈색(89) 각 5g
× 바늘 대바늘 5, 3호 코바늘 7/0호(기초코용)
× 게이지 10㎝ 평방 배색뜨기 225코·30단
× 완성 치수 둘레 22㎝, 길이 21㎝

뜨는 방법의 포인트

별도사슬로 만드는 기초코를 50코 만들어 배색뜨기로 40단을 뜨는데, 23단에서 엄지손가락
위치에 별도의 실을 떠 넣습니다(78쪽). 3호 바늘로 바꾸어 계속해서 1코 고무뜨기를 8단 뜨고,
1코 고무뜨기 코마무리(124쪽)를 합니다. 3호 바늘로 뜨기 시작 쪽의 별도사슬에서 코를 주워
(40쪽) 1코 고무뜨기를 16단 뜨고, 1코 고무뜨기 코마무리를 합니다. 엄지손가락 위치의 별실을
빼서 바늘에 코를 옮기고, 빙 둘러서 덮어씌우기를 합니다. 뜨개바탕의 안쪽에서 스팀다리미로
다림질을 하고(148쪽), 양쪽 가장자리를 떠서 꿰매기(134쪽)로 연결합니다.

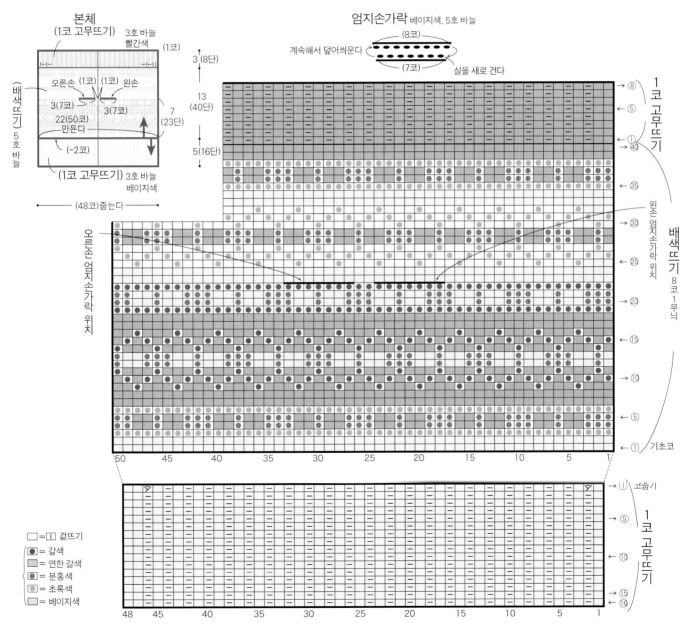

옷을 뜨는 방법

지금까지 알아본 뜨개 기법으로 옷을 떠봅니다.

익숙하지 않은 용어와 낯선 뜨개 도안이 처음에는 어려울 수도 있습니다.

그러나 순서를 따라서 천천히 떠나가다 보면 누구나 작품을 완성할 수 있습니다.

손뜨개는 얼핏 보기엔 어려울 것 같아도 막상 해보면 쉽게 느껴집니다.

이 책에는 옷을 뜨는 데 필요한 기법이 많이 실려 있으니

작품을 뜨다가 모르는 부분이 나오면 찾아서 확인해보세요.

옷을 뜨기 전에

각 부분의 명칭과 뜨는 순서

손뜨개 책에는 예시 작품과 함께 그 작품을 어떻게 떠야 하는
지 설명이 나옵니다. 여기에서는 기본 아이템을 예로 들어 각
부분의 명칭과 뜨는 순서를 알아봅니다.
빨간색 글자는 각 부분의 명칭, 파란색 글자는 치수를 표기할
때 사용하는 용어입니다.

풀오버

손뜨개로 뜨는 옷 중에서 가장 기본이
되는 옷의 형태는 머리부터 뒤집어써
서 입는 스웨터(풀오버)입니다. 뜨는 방
법은 작품마다 다르지만, 앞뒤 몸판은
밑단 쪽에서, 소매는 소매단 쪽에서 뜨
기 시작합니다. 각 부분의 뜨개 조각을
먼저 뜨고, 나중에 이를 하나로 이어
붙입니다.

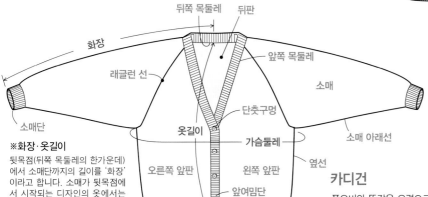

※화장·옷길이

뒷목점(뒤쪽 목둘레의 한가운데)
에서 소매단까지의 길이를 '화장'
이라고 합니다. 소매가 뒷목점에
서 시작되는 디자인의 옷에서는
소매길이 대신에 화장이라는 말
을 씁니다. 옷길이는 뒷목점에서
밑단까지의 길이를 말하고, 이때
목둘레단이나 옷깃은 포함되지
않습니다.

카디건

풀오버와 똑같은 요령으로 뜹니다. 여기에 앞여밈단이나 단춧구
멍과 같은 과정이 추가됩니다. 앞판과 뒤판을 각각 뜨는 것이 일
반적이지만 크기가 작은 아이 옷을 뜰 때는 연속해서 뜨기도 합
니다.

조끼

머리부터 뒤집어써서 입는 스타일과 앞에서 여미는 스타일이 있습니다. 기본적으로는
풀오버나 카디건과 같은 요령으로 뜨는데, 소매를 달지 않아도 돼서 훨씬 간단합니다.

뜨는 순서 일반적인 예

1 게이지를 낸다.
2 뒤판을 뜬다.
3 앞판을 뜬다.
4 양쪽 소매를 뜬다.
5 몸판과 소매에 다림질을 한다.
6 어깨를 잇는다.
7 목둘레단을 뜬다(카디건은 앞여밈단도 뜬다).
8 옆선과 소매 아래선을 꿰맨다.
9 소매를 단다.
10 마무리 다림질을 한다.

뜨개 도안과 기호도 보는 방법

뜨개 도안에는 작품을 뜨는 데 필요한 여러 정보가 적혀 있습니다.
이 정보를 뜨개 기호로 자세하게 풀어놓은 것이 기호도입니다.
책에 따라서는 기호도를 생략하기도 하는데, 뜨개 도안을 볼 줄 알면 기호도가 없어도 작품을 뜰 수 있습니다.

몸판의 뜨개 도안

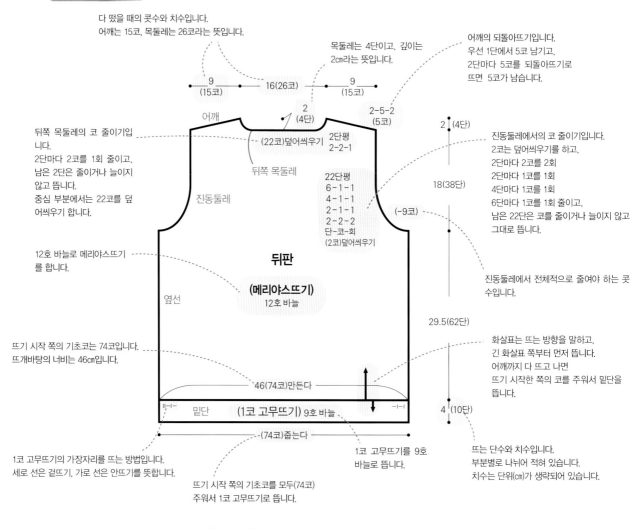

다 떴을 때의 콧수와 치수입니다.
어깨는 15코, 목둘레는 26코라는 뜻입니다.

목둘레는 4단이고, 깊이는
2㎝라는 뜻입니다.

어깨의 되돌아뜨기입니다.
우선 1단에서 5코 남기고,
2단마다 5코를 되돌아뜨기로
뜨면 5코가 남습니다.

뒤쪽 목둘레의 코 줄이기입니다.
2단마다 2코를 1회 줄이고,
남은 2단은 줄이거나 늘이지
않고 뜹니다.
중심 부분에서는 22코를 덮어씌우기 합니다.

진동둘레에서의 코 줄이기입니다.
2코는 덮어씌우기를 하고,
2단마다 2코를 2회
2단마다 1코를 1회
4단마다 1코를 1회
6단마다 1코를 1회 줄이고,
남은 22단은 코를 줄이거나 늘이지 않고
그대로 뜹니다.

12호 바늘로 메리야스뜨기를 합니다.

진동둘레에서 전체적으로 줄여야 하는 콧수입니다.

뜨기 시작 쪽의 기초코는 74코입니다.
뜨개바탕의 너비는 46㎝입니다.

화살표는 뜨는 방향을 말하고,
긴 화살표 쪽부터 먼저 뜹니다.
어깨까지 다 뜨고 나면
뜨기 시작한 쪽의 코를 주워서 밑단을
뜹니다.

1코 고무뜨기의 가장자리를 뜨는 방법입니다.
세로 선은 겉뜨기, 가로 선은 안뜨기를 뜻합니다.

1코 고무뜨기를 9호 바늘로 뜹니다.

뜨는 단수와 치수입니다.
부분별로 나뉘어 적혀 있습니다.
치수는 단위(㎝)가 생략되어 있습니다.

뜨기 시작 쪽의 기초코를 모두(74코)
주워서 1코 고무뜨기로 뜹니다.

곡선이나 사선 부분을 보는 방법

목둘레나 진동둘레, 소매산, 소매 아래선 등에는 수식처럼 보이는 숫자가 적혀 있습니다. 이는 자연스럽고 아름다운 곡선을 뜨려면 어느 단에서 몇 코를 줄이거나 늘려야 한다는 뜻입니다. 왼쪽 세로 열은 뜨는 '단수', 가운데 열은 늘이거나 줄이는 '콧수', 오른쪽 열은 같은 조작을 반복하는 '횟수'입니다. 손뜨개는 아래쪽에서 위쪽으로 뜨므로, 이 숫자도 아래쪽에서부터 봅니다. 91쪽에 뜨는 방법이 나와 있으니 참고하시기 바랍니다.

```
22단평
6 - 1 - 1
4 - 1 - 1
2 - 1 - 1
2 - 2 - 2
단-코-회
(2코)덮어씌우기
```

뒤판의 기호도

(어깨 경사 만들기와 뒤쪽 목둘레. 나와 있지 않은 부분은 앞판과 동일)

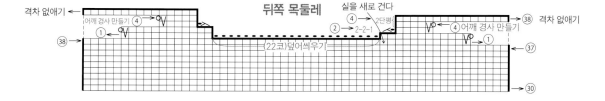

뒤쪽 목둘레

실을 새로 건다

격차 없애기

어깨 경사 만들기 ④

① ← V

㊳

④
2단평

② → 2-2-1

(22코)덮어씌우기

④ 어깨 경사 만들기

V ① ← 격차 없애기

㊳

㊲

㉚

앞판의 기호도

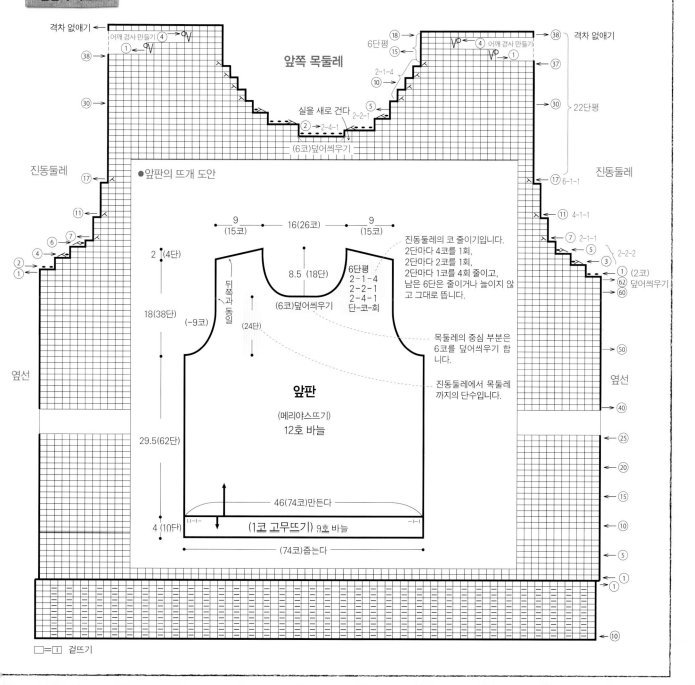

격차 없애기

어깨 경사 만들기 ④ V

① ← V

㊳

㉚

앞쪽 목둘레

⑱
6단평
⑮

Vᵃ ④ 어깨 경사 만들기

V ① ← 격차 없애기

㊳

㊲

㉚ 22단평

2-1-4
⑩

실을 새로 건다

⑤
2-2-1

② → 2-4-1

(6코)덮어씌우기

진동둘레

⑰

⑪

⑦
⑥

④
②
①

⑰ 6-1-1 진동둘레

⑪ 4-1-1

⑦ 2-1-1
⑤

③ 2-2-2

① (2코)
㉒ 덮어씌우기
㉚

●앞판의 뜨개 도안

9
(15코) — 16(26코) — 9
(15코)

8.5 (18단)

6단평
2-1-4
2-2-1
2-4-1
단-코-회

진동둘레의 코 줄이기입니다.
2단마다 4코를 1회,
2단마다 2코를 1회,
2단마다 1코를 4회 줄이고,
남은 6단은 줄이거나 늘이지 않
고 그대로 뜹니다.

(6코)덮어씌우기

목둘레의 중심 부분은
6코를 덮어씌우기 합
니다.

진동둘레에서 목둘레
까지의 단수입니다.

2 (4단)

뒤쪽과 동일

18(38단)

(-9코)

(24단)

앞판

(메리야스뜨기)
12호 바늘

29.5(62단)

4 (10단)

46(74코)만든다

(1코 고무뜨기) 9호 바늘

(74코)줍는다

옆선

옆선

㊿

㊵

㉕

⑳

⑮

⑩

⑤

①

①

⑩

□=Ⅰ 겉뜨기

옷을 뜨기 전에 ● 뜨개 도안과 기호도 보는 방법

소매의 뜨개 도안

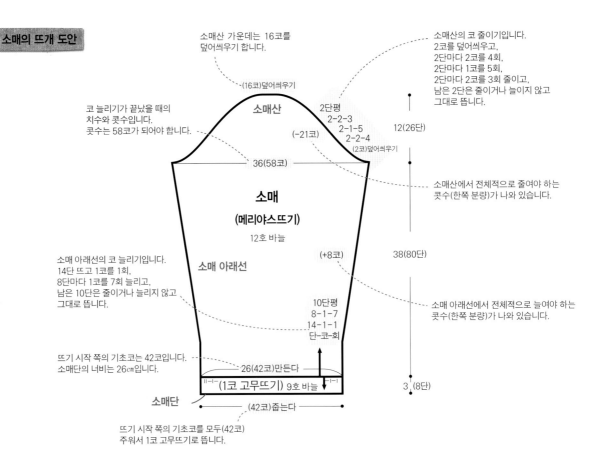

소매산 가운데는 16코를 덮어씌우기 합니다.

소매산의 코 줄이기입니다.
2코를 덮어씌우고,
2단마다 2코를 4회,
2단마다 1코를 5회,
2단마다 2코를 3회 줄이고,
남은 2단은 줄이거나 늘이지 않고
그대로 뜹니다.

(16코)덮어씌우기

소매산

2단평
2-2-3
2-1-5
2-2-4
(2코)덮어씌우기

코 늘리기가 끝났을 때의
치수와 콧수입니다.
콧수는 58코가 되어야 합니다.

(-21코)

12(26단)

36(58코)

소매
(메리야스뜨기)

12호 바늘

소매산에서 전체적으로 줄여야 하는
콧수(한쪽 분량)가 나와 있습니다.

소매 아래선

소매 아래선의 코 늘리기입니다.
14단 뜨고 1코를 1회,
8단마다 1코를 7회 늘리고,
남은 10단은 줄이거나 늘리지 않고
그대로 뜹니다.

(+8코)

38(80단)

소매 아래선에서 전체적으로 늘여야 하는
콧수(한쪽 분량)가 나와 있습니다.

10단평
8-1-7
14-1-1
단-코-회

뜨기 시작 쪽의 기초코는 42코입니다.
소매단의 너비는 26cm입니다.

26(42코)만든다

(1코 고무뜨기) 9호 바늘

3 (8단)

소매단

(42코)줍는다

뜨기 시작 쪽의 기초코를 모두(42코)
주워서 1코 고무뜨기로 뜹니다.

목둘레단의 뜨개 도안

목둘레단(1코 고무뜨기) 9호 바늘

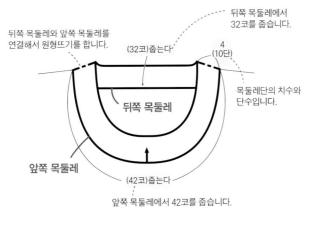

뒤쪽 목둘레와 앞쪽 목둘레를
연결해서 원형뜨기를 합니다.

뒤쪽 목둘레에서
32코를 줍습니다.

(32코)줍는다

4
(10단)

뒤쪽 목둘레

목둘레단의 치수와
단수입니다.

앞쪽 목둘레

(42코)줍는다

앞쪽 목둘레에서 42코를 줍습니다.

풀오버의 목둘레단, 카디건의 앞여밈단과 목둘레단, 조끼의 진
동둘레단과 같이 그 작품을 뜨는 데 꼭 필요한 정보는 각각의
뜨개 도안에서 모두 확인할 수 있습니다.

앞여밈단·목둘레단, 진동둘레단의 뜨개 도안

앞여밈단·목둘레단, 진동둘레단(2코 고무뜨기) 4호 바늘

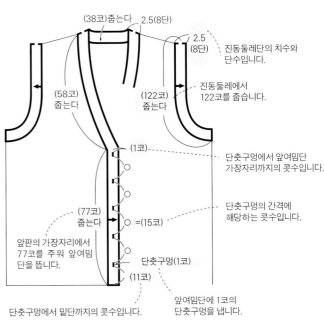

(38코)줍는다

2.5(8단)

2.5
(8단)

진동둘레단의 치수와
단수입니다.

(58코)
줍는다

(122코)
줍는다

진동둘레에서
122코를 줍습니다.

(1코)

단춧구멍에서 앞여밈단
가장자리까지의 콧수입니다.

단춧구멍의 간격에
해당하는 콧수입니다.

(77코)
줍는다

=(15코)

앞판의 가장자리에서
77코를 주워 앞여밈
단을 뜹니다.

단춧구멍(1코)

(11코)

앞여밈단에 1코의
단춧구멍을 냅니다.

단춧구멍에서 밑단까지의 콧수입니다.

소매의 기호도 (전체 그림이 나온 예)

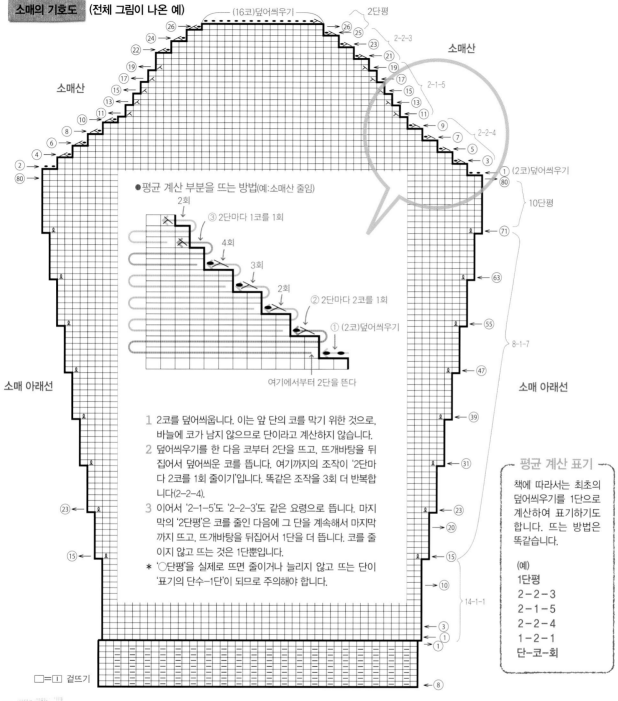

(16코)덮어씌우기

2단평

2-2-3

소매산

2-1-5

2-2-4

소매산

(2코)덮어씌우기

10단평

소매 아래선

8-1-7

소매 아래선

●평균 계산 부분을 뜨는 방법(예:소매산 줄임)

2회

③ 2단마다 1코를 1회

4회

3회

2회

② 2단마다 2코를 1회

① (2코)덮어씌우기

여기에서부터 2단을 뜬다

1 2코를 덮어씌웁니다. 이는 앞 단의 코를 막기 위한 것으로, 바늘에 코가 남지 않으므로 단이라고 계산하지 않습니다.

2 덮어씌우기를 한 다음 코부터 2단을 뜨고, 뜨개바탕을 뒤집어서 덮어씌운 코를 뜹니다. 여기까지의 조작이 '2단마다 2코를 1회 줄이기'입니다. 똑같은 조작을 3회 더 반복합니다(2-2-4).

3 이어서 '2-1-5'도 '2-2-3'도 같은 요령으로 뜹니다. 마지막의 '2단평'은 코를 줄인 다음에 그 단을 계속해서 마지막까지 뜨고, 뜨개바탕을 뒤집어서 1단을 더 뜹니다. 코를 줄이지 않고 뜨는 것은 1단뿐입니다.

* '○단평'을 실제로 뜨면 줄이거나 늘리지 않고 뜨는 단이 '표기의 단수-1단'이 되므로 주의해야 합니다.

14-1-1

□=Ⅰ 겉뜨기

┌ 평균 계산 표기 ┐

책에 따라서는 최초의 덮어씌우기를 1단으로 계산하여 표기하기도 합니다. 뜨는 방법은 똑같습니다.

(예)
1단평
2-2-3
2-1-5
2-2-4
1-2-1
단-코-회

주의!

2코 이상의 코 줄이기는 같은 단에서 할 수 없습니다.

1코의 코 줄이기는 좌우를 같은 단(겉의 단)에서 조작하지만, 2코 이상의 코 줄이기는 뜨개바탕의 오른쪽 가장자리(그 단의 뜨기 시작)에서만 할 수 있기 때문에 좌우가 1단씩 어긋나게 됩니다. 기호도에서 코를 줄이는 단이 어긋나는 까닭은 이 때문입니다.

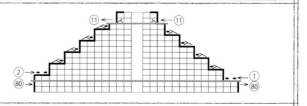

고무뜨기의 기초코

신축성이 있는 기초코로, 고무뜨기의 가장자리가 깔끔하고 자연스럽게 완성됩니다.
기본 기초코(16쪽부터)보다 조금 복잡해 보이지만, 요령만 알면 간단합니다.

별도사슬로 만드는 1코 고무뜨기의 기초코

메리야스뜨기를 3단 뜨고, 1단의 싱커 루프를 끌어올리면서 기초코를 만듭니다.

오른쪽 끝이 겉뜨기 2코·왼쪽 끝이 겉뜨기 1코일 때

● 1단의 기초코 수(별도사슬)=필요 콧수(짝수)÷2+1코

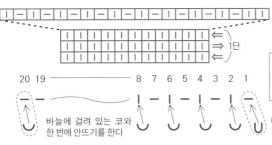

⇒ 2단

⇒ 1단

I = 겉뜨기 — = 안뜨기
U = 싱커 루프
∪ = 반코의 싱커 루프

20 19 ———— 8 7 6 5 4 3 2 1

바늘에 걸려 있는 코와
한 번에 안뜨기를 한다

바늘에 걸려 있는 코와
한 번에 안뜨기를 한다

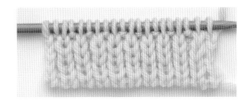

기초코의 콧수는
필요 콧수÷2+1코
입니다.

1단

← 단코표시핀

1 18쪽과 똑같은 요령으로 기초코를 만들
고, 마지막에 단코표시핀을 끼웁니다.

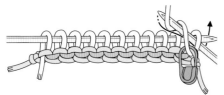

2 뜨개바탕을 뒤집어서 안뜨기를 1단 뜹니다.

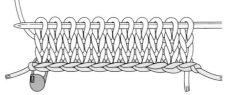

3 뜨개바탕을 뒤집어서 겉뜨기를 1단 뜹니다. 이
렇게 하면 메리야스뜨기를 3단 뜨게 됩니다.

주의!

1단은 굵은 바늘을 사용하세요
2단에서는 콧수가 배로 늘어납니다. 그러
므로 뜨개바탕이 울지 않도록 1단(메리야
스뜨기 3단)을 뜰 때는 고무뜨기를 할 바
늘보다 2호 굵은 바늘을 사용해야 합니다.
별도사슬에 쓰는 코바늘도 대바늘에 맞춰
서 굵은 것을 사용합니다.

2단

옮긴 첫째 코

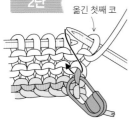

4 고무뜨기를 뜰 바
늘로 바꾸고, 첫째 코
의 뒤쪽에서 바늘을
넣어 그대로 코를 옮
깁니다. 이어서 단코
표시핀을 끼운 곳에
바늘을 넣습니다.

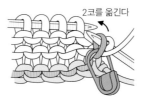

2코를 옮긴다

5 그대로 끌어올려
서 2코를 왼쪽 바늘
로 옮깁니다.

6 옮긴 모습입니다.

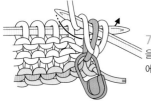

7 오른쪽 바늘에 실
을 걸고, 2코를 한 번
에 안뜨기로 뜹니다.

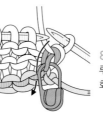

8 이어서 1단의 싱커
루프에 오른쪽 바늘을
화살표와 같이 넣고,

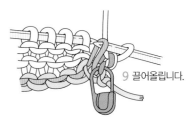

9 끌어올립니다.

10 끌어올린 싱커
루프를 왼쪽 바늘로
옮깁니다.

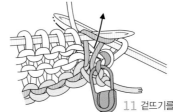

11 겉뜨기를 합니다.

12 다음 코에 화살표
와 같이 오른쪽 바늘
을 넣습니다.

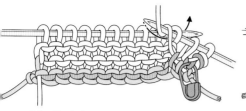

13 실을 걸어 빼냅니다(안뜨기).

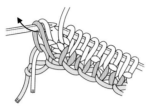

14 3코를 뜬 모습입니다. 다음 코부터는 8~13을 반복합니다.

오른쪽 바늘에 옮긴다

15 마지막 코를 오른쪽 바늘에 옮기고, 마지막 싱커 루프를 왼쪽 바늘로 끌어올립니다.

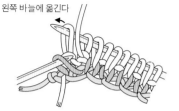

왼쪽 바늘에 옮긴다

16 오른쪽 바늘의 코를 왼쪽 바늘에 되돌립니다.

17 2코를 한 번에 안뜨기로 뜹니다.

18 기초코가 완성되었습니다. 이는 고무뜨기를 2단 뜬 것과 같습니다. 단코표시핀은 빼냅니다. 별도사슬은 5~6단을 더 뜬 후에 풀어냅니다(95쪽).

양 끝 모두 겉뜨기 1코일 때
● 1단의 기초코 수(별도사슬)=[필요 콧수(홀수)+1코]÷2

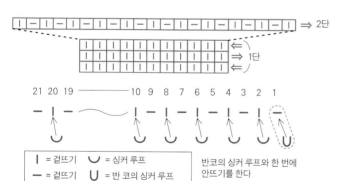

21 20 19 ———— 10 9 8 7 6 5 4 3 2 1

| = 겉뜨기 ∪ = 싱커 루프
— = 겉뜨기 ∪ = 반 코의 싱커 루프

반코의 싱커 루프와 한 번에 안뜨기를 한다

※왼쪽 끝을 뜨는 방법은 92쪽의 1~12, 93쪽의 13~14를 참조하세요.

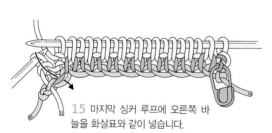

15 마지막 싱커 루프에 오른쪽 바늘을 화살표와 같이 넣습니다.

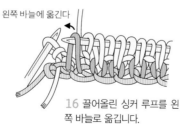

왼쪽 바늘에 옮긴다

16 끌어올린 싱커 루프를 왼쪽 바늘로 옮깁니다.

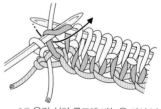

17 옮긴 싱커 루프에 바늘을 다시 넣고 겉뜨기를 합니다.

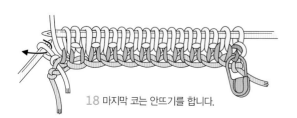

18 마지막 코는 안뜨기를 합니다.

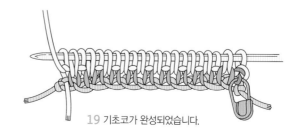

19 기초코가 완성되었습니다.

오른쪽 끝이 겉뜨기 1코·왼쪽 끝이 겉뜨기 2코일 때

● 1단의 기초코 수(별도사슬)=필요 콧수(짝수)÷2

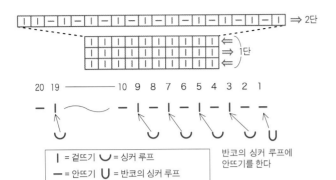

⇒ 2단
⇒ 1단

20 19 ——— 10 9 8 7 6 5 4 3 2 1

I = 겉뜨기   ∪ = 싱커 루프
― = 안뜨기   U = 반코의 싱커 루프

반코의 싱커 루프에
안뜨기를 한다

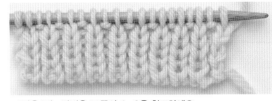

※1단을 뜨는 방법은 92쪽의 1~3을 참조하세요.

반코의 싱커 루프
단코표시핀

4 뜨개바탕을 뒤집고, 고무뜨기를 할 바늘로 바꿉니다. 단코표시핀을 건 코에 바늘을 넣어서 끌어올립니다.

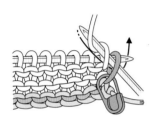

5 4에서 끌어올린 코를 왼쪽 바늘로 옮기고 안뜨기를 합니다.

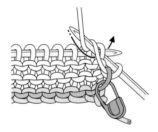

6 다음 코(바늘에 걸려 있는 첫 코)에 안뜨기를 합니다.

7 1단의 싱커 루프를 오른쪽 바늘로 끌어올려서 왼쪽 바늘에 옮깁니다.

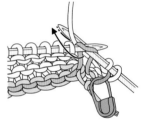

8 왼쪽 바늘에 옮긴 코에 다시 바늘을 넣어서 겉뜨기를 합니다.

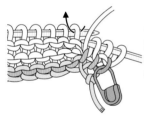

9 다음 코는 안뜨기를 합니다. 이후부터는 7~9를 반복합니다.

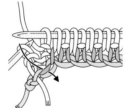

10 마지막 싱커 루프에 오른쪽 바늘을 화살표와 같이 넣습니다.

왼쪽 바늘에 옮긴다

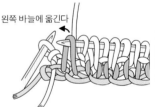

11 끌어올린 싱커 루프를 왼쪽 바늘로 옮깁니다.

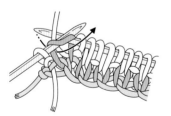

12 옮긴 싱커 루프에 다시 바늘을 넣고 겉뜨기를 합니다.

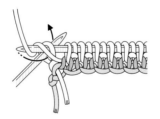

13 마지막 1코에는 안뜨기를 합니다.

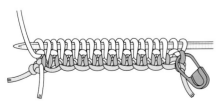

14 기초코가 완성되었습니다. 이는 고무뜨기 2단을 뜬 것과 같습니다.

싱커 루프를 끌어올리는 방법

10~12와 같이 뜰 때 오른쪽 바늘을 아래에서 위로 넣어 끌어올리고, 이를 왼쪽 바늘에 옮기지 않은 상태에서 그대로 겉뜨기를 할 수도 있습니다. 이렇게 하면 과정이 하나 줄어서 편리하지만 요령이 필요해서 초보자에게는 조금 어려울 수 있습니다.

겉뜨기를 한다

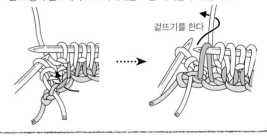

양 끝 모두 겉뜨기 2코일 때

● 1단의 기초코 수(별도사슬)=[필요 콧수(홀수)+1코]÷2

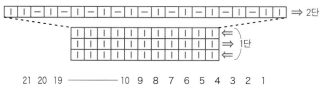

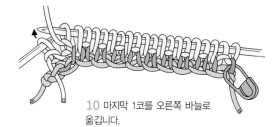

※왼쪽 끝을 뜨는 방법은 94쪽의 1~9를 참조하세요.

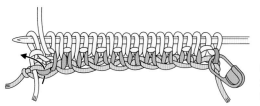

I	= 겉뜨기	∪ = 싱커 루프
—	= 안뜨기	∪ = 반코의 싱커 루프

바늘에 걸려 있는 코와 한 번에 안뜨기를 한다

반코의 싱커 루프에 안뜨기를 한다

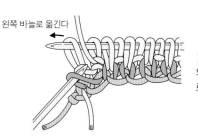

10 마지막 1코를 오른쪽 바늘로 옮깁니다.

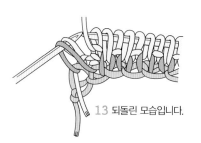

11 마지막 싱커 루프에 왼쪽 바늘을 화살표와 같이 넣어 끌어올립니다.

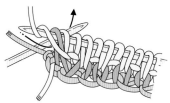

왼쪽 바늘로 옮긴다

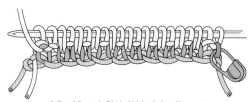

12 오른쪽 바늘의 코를 왼쪽 바늘로 되돌립니다.

13 되돌린 모습입니다.

14 2코를 한 번에 안뜨기로 뜹니다.

15 기초코가 완성되었습니다. 이는 고무뜨기를 2단 뜬 것과 같습니다.

별도사슬 푸는 방법

1코 고무뜨기의 기초코를 완성한 후에 몇 단을 더 떠서 뜨개바탕이 안정되면 별도사슬은 풀어냅니다.
일찍 풀어내야 사슬의 실이 뜨개바탕이 남지 않아 깨끗합니다.

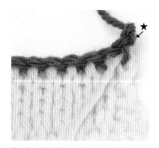

1 별도사슬의 뜨기 끝 쪽입니다.
★는 가장자리 코의 코산입니다.

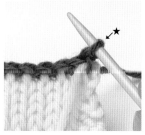

2 가장자리 오른쪽 코의 코산에 바늘을 넣습니다.

3 바늘을 당겨서 실 끝을 빼냅니다.

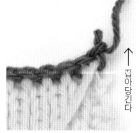

잡아당긴다

4 빼낸 실 끝을 잡아당기면 사슬이 풀립니다.

별도사슬로 만드는 2코 고무뜨기의 기초코

1코 고무뜨기와 똑같은 요령으로 기초코를 만듭니다. 2단은 안뜨기와 겉뜨기를 2코씩 번갈아가며 뜹니다.

양 끝 모두 겉뜨기 2코일 때

● 1단의 기초코 수(별도사슬)=[필요 콧수(4의 배수+2코)+2코]÷2

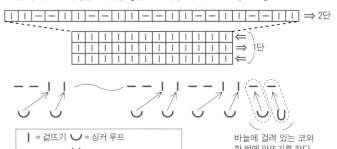

⇒ 2단

⇒ 1단

| = 겉뜨기　 ∪ = 싱커 루프
— = 안뜨기　 U = 반코의 싱커 루프

바늘에 걸려 있는 코와
한 번에 안뜨기를 한다

1단

기초코의 수는
(필요 콧수+2)÷2입
니다

← 단코표시핀

1 뜨개바탕용 실로 기초코의 필요 콧수만큼 별도사슬의 코산을 줍습니다(고무뜨기를 뜰 때보다 2호 굵은 바늘로). 마지막에 단코표시핀을 끼웁니다.

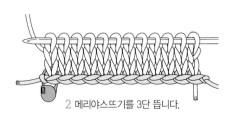

2 메리야스뜨기를 3단 뜹니다.

2단

오른쪽 바늘로 옮긴다

3 뜨개바탕을 뒤집어서 고무뜨기를 뜰 바늘로 바꾼 다음. 첫째 코를 오른쪽 바늘로 옮깁니다.

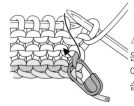

4 단코표시핀을 끼운 코에 화살표와 같이 오른쪽 바늘을 넣습니다.

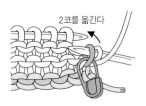

2코를 옮긴다

5 그대로 끌어올려서 2코를 왼쪽 바늘로 옮깁니다.

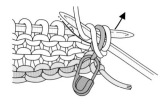

6 옮긴 2코를 한 번에 안뜨기로 뜹니다.

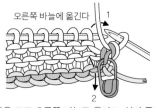

오른쪽 바늘에 옮긴다

7 다음 코도 오른쪽 바늘로 옮기고, 싱커 루프에 화살표와 같이 오른쪽 바늘을 넣습니다.

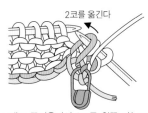

2코를 옮긴다

8 그대로 끌어올려서 2코를 왼쪽 바늘로 옮깁니다.

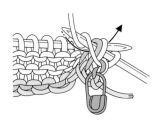

9 옮긴 2코를 한 번에 안뜨기로 뜹니다.

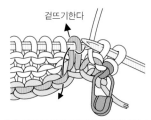

겉뜨기한다

10 이어서 싱커 루프를 오른쪽 바늘로 끌어올려서 왼쪽 바늘로 옮기고 겉뜨기를 합니다.

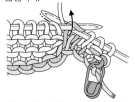

11 다음 싱커 루프도 마찬가지로 끌어올려서 겉뜨기를 합니다.

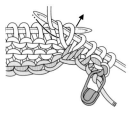

12 왼쪽 바늘에 걸려 있는 코를 안뜨기로 뜹니다.

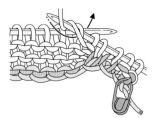

13 다음 코도 안뜨기로 뜹니다.

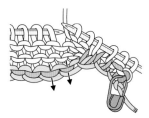

14 이후부터는 10~13을 반복합니다.

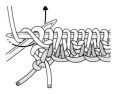

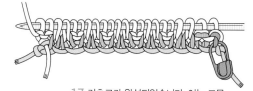

15 마지막 싱커 루프 2코도 끌어올려서 겉뜨기를 합니다.

16 왼쪽 바늘에 걸려 있는 2코를 안뜨기로 뜹니다.

17 기초코가 완성되었습니다. 이는 고무 뜨기 2단을 뜬 것과 같습니다.

오른쪽 끝이 겉뜨기 2코·왼쪽 끝이 겉뜨기 3코일 때

● 1단의 기초코 수(별도사슬)=[필요 콧수(4의 배수+3코)+1코]÷2

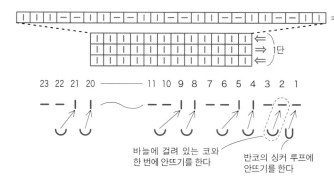

23 22 21 20 ——— 11 10 9 8 7 6 5 4 3 2 1

바늘에 걸려 있는 코와 한 번에 안뜨기를 한다

반코의 싱커 루프에 안뜨기를 한다

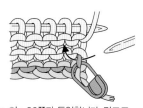

오른쪽 바늘에 옮긴다

3 1~2는 96쪽과 동일합니다. 단코표 시핀을 끼운 코에 화살표와 같이 오른 쪽 바늘을 넣어 끌어올립니다.

4 끌어올린 코를 안뜨기로 뜨고, 다음 코를 오른쪽 바늘로 옮긴 후 싱커 루프를 끌어올립니다.

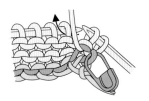

5 오른쪽 바늘에 옮긴 코와 끌어올린 싱커 루프를 한 번에 안뜨기로 뜨고, 왼쪽 바늘에 걸려 있는 코를 안뜨기로 뜹니다(왼쪽 끝 겉뜨기 3코 완성).

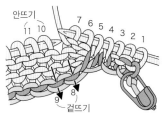

안뜨기
11 10 — 7 6 5 4 3 2 1
8
9 겉뜨기

6 싱커 루프는 겉뜨기 2코, 바늘 에 걸린 코는 안뜨기 2코를 반복 하며 뜹니다.

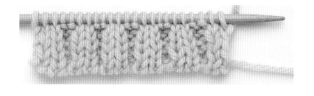

※ 2단의 뜨기 끝 쪽을 뜨는 방법은 위의 15~17을 참조하세요.

7 기초코가 완성된 모습입니다.

오른쪽 끝이 겉뜨기 3코·왼쪽 끝이 겉뜨기 2코일 때

● 1단의 기초코 수=[필요 콧수(4의 배수+3코)+3코]÷2

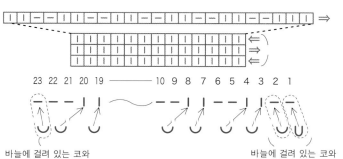

23 22 21 20 19 ——— 10 9 8 7 6 5 4 3 2 1

바늘에 걸려 있는 코와 한 번에 안뜨기를 한다

바늘에 걸려 있는 코와 한 번에 안뜨기를 한다

※ 2단의 뜨기 시작 쪽을 뜨는 방법은 96쪽 1~14를 참조하세요.

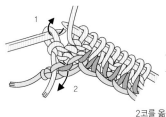

1

2

15 마지막 코를 오른쪽 바 늘로 옮기고, 싱커 루프에 오 른쪽 바늘을 넣습니다.

2코를 옮긴다

16 2코를 왼쪽 바늘 에 옮겨서 한 번에 안 뜨기를 합니다.

17 기초코를 완성한 모습입니다.

손가락으로 만드는 1코 고무뜨기의 기초코

별도의 실을 이용하지 않고 실제로 뜨는 실로 만드는 기초코입니다. 2단을 주머니뜨기로 뜨기 때문에 실제로 뜨는 것은 4단이지만 3단으로 셉니다.

오른쪽 끝이 겉뜨기 2코·왼쪽 끝이 겉뜨기 1코일 때

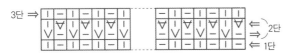

※실 끝의 여유분은 뜨개바탕 너비의 약 3배가 좋습니다. 끝 쪽 실을 엄지에, 실타래 쪽 실을 검지에 겁니다. 바늘은 1개만 사용합니다.

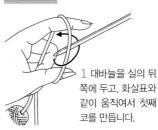

1 대바늘을 실의 뒤쪽에 두고, 화살표와 같이 움직여서 첫째 코를 만듭니다.

2 1·2·3의 순서로 바늘 끝을 움직여서 둘째 코를 만듭니다.

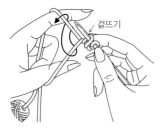

3 셋째 코는 대바늘을 화살표와 같이 움직입니다. 2~3을 반복하고, 마지막에는 2의 과정에서 끝냅니다.

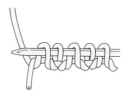

4 1단 왼쪽 끝의 모습입니다.

5 뜨개바탕을 뒤집습니다. 이 단은 걸쳐 안뜨기와 겉뜨기를 1코씩 번갈아가며 뜹니다.

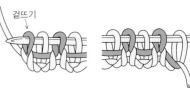

6 2단 끝까지 떴습니다.

7 뜨개바탕을 뒤집습니다. 이 단도 걸쳐 안뜨기와 겉뜨기를 1코씩 번갈아가며 뜹니다(5~7을 '주머니뜨기'라고 부릅니다).

8 오른쪽 끝에서부터 안뜨기와 겉뜨기를 1코씩 번갈아가며 뜹니다.

9 마지막 코는 안뜨기로 뜹니다. 3단을 뜬 모습입니다.

양 끝 모두 겉뜨기 2코일 때

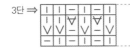

1 '오른쪽 끝이 겉뜨기 2코·왼쪽 끝이 겉뜨기 1코일 때'와 마찬가지로 기초코를 만들고, 마지막에는 3의 과정에서 끝냅니다.

4 마지막 1코는 겉뜨기를 합니다.

2 뜨개바탕을 뒤집습니다. 실을 앞에 두고, 가장자리 2코를 걸쳐 안뜨기를 합니다.

5 뜨개바탕을 뒤집습니다. 걸쳐 안뜨기와 겉뜨기를 1코씩 번갈아가며 뜹니다. 마지막 코는 겉뜨기를 합니다.

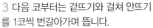

3 다음 코부터는 겉뜨기와 걸쳐 안뜨기를 1코씩 번갈아가며 뜹니다.

6 끝의 2코를 안뜨기로 뜨고, 이어서 겉뜨기와 안뜨기를 1코씩 번갈아가며 뜹니다. 마지막 코는 안뜨기를 합니다.

양 끝 모두 겉뜨기 1코일 때

1 대바늘을 실 앞에 두고, 화살표와 같이 한 바퀴 돌려서 첫째 코를 만듭니다.

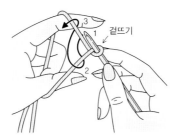

2 바늘 끝을 화살표와 같이 움직여, 둘째 코를 만듭니다.

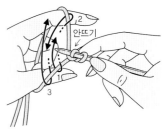

3 바늘 끝을 1·2·3의 순서로 움직여서 셋째 코를 만듭니다. 2~3을 반복합니다.

4 1단의 마지막 코는 3의 과정에서 끝냅니다. 전체 콧수는 홀수여야 합니다.

5 뜨개바탕을 뒤집습니다. 이 단은 1코씩 번갈아가며 걸쳐 안뜨기와 겉뜨기를 합니다.

6 마지막 코는 걸쳐 안뜨기를 합니다.

7 뜨개바탕을 뒤집습니다. 첫째 코는 겉뜨기를 합니다.

8 둘째 코는 걸쳐 안뜨기로 뜹니다. 이후부터는 겉뜨기와 걸쳐 안뜨기를 번갈아가며 뜹니다.

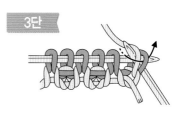

9 안뜨기와 겉뜨기를 번갈아가며 뜹니다.

오른쪽 끝이 겉뜨기 1코·왼쪽 끝이 겉뜨기 2코일 때

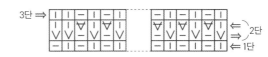

1 '양 끝 모두 겉뜨기 1코일 때'와 마찬가지로 기초코를 만들고, 마지막에는 2의 과정에서 끝냅니다.

2 뜨개바탕을 뒤집습니다. 실을 앞에 두고, 가장자리 2코를 걸쳐 안뜨기로 뜹니다.

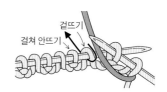

3 다음 코부터는 1코씩 번갈아가며 겉뜨기와 걸쳐 안뜨기를 합니다.

4 마지막 코는 걸쳐 안뜨기를 합니다.

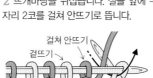

5 뜨개바탕을 뒤집습니다. 첫째 코를 겉뜨기로 뜨고, 이후부터 1코씩 번갈아가며 걸쳐 안뜨기와 겉뜨기를 합니다. 마지막 코는 겉뜨기를 합니다.

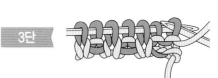

6 가장자리 2코를 안뜨기로 뜨고, 다음 코부터는 1코씩 번갈아가며 겉뜨기와 안뜨기를 합니다.

코 줄이기

대바늘에 걸린 콧수를 줄여나가는 방법입니다.
뜨개바탕의 가장자리나 중간에서 2코 모아뜨기를 합니다.

가장자리 1코 세워서 코 줄이기

진동둘레나 목둘레와 같이 곡선이나 사선을 뜰 때는 뜨개바탕
의 가장자리에서 코를 줄여야 합니다. 같은 단의 좌우에서 2코
모아뜨기를 합니다.

〈겉뜨기일 때〉

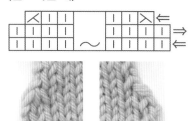

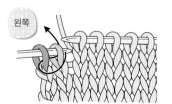

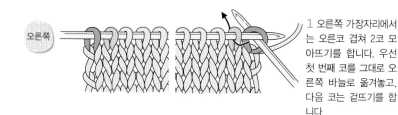

1 오른쪽 가장자리에서
는 오른코 겹쳐 2코 모
아뜨기를 합니다. 우선
첫 번째 코를 그대로 오
른쪽 바늘로 옮겨놓고,
다음 코는 겉뜨기를 합
니다.

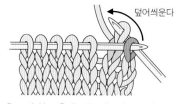

2 뜨지 않고 옮긴 코를 겉뜨기코에 덮어씌
웁니다.

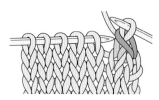

3 가장자리 1코 세워서 코 줄이기(오른쪽)를 완성
하였습니다.

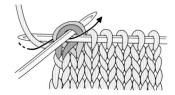

4 왼쪽 가장자리에서는 왼코 겹쳐 2코 모아뜨
기를 합니다. 마지막 2코에 오른쪽 바늘을 화살
표와 같이 넣고,

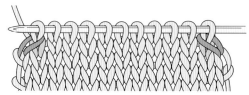

5 2코를 한 번에 겉뜨기로 뜹니다.

6 오른쪽과 왼쪽의 가장자리 1코 세워서 코 줄이기
를 완성하였습니다.

〈안뜨기일 때〉

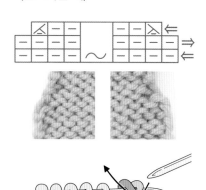

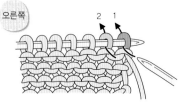

1 오른쪽 가장자리에서 오른코 겹쳐 2코 모
아 안뜨기를 합니다. 오른쪽 가장자리의 2코를
1·2의 순서로 오른쪽 바늘에 옮깁니다.

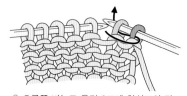

2 오른쪽 바늘로 옮긴 2코에 화살표와 같
이 왼쪽 바늘을 넣어 되돌립니다.

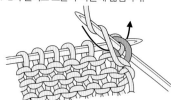

4 2코를 한 번에 안뜨기로 뜹니다.

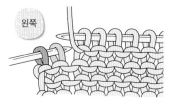

5 왼쪽 바늘에 왼쪽 가장자리 2코가 남
을 때까지 뜹니다.

3 오른쪽 바늘을 화살표와 같이 넣습니다.

6 왼코 겹쳐 2코 모아 안
뜨기를 합니다. 왼쪽 바늘
의 2코에 오른쪽 바늘을
화살표와 같이 넣고, 2코를
한 번에 안뜨기로 뜹니다.

7 오른쪽과 왼쪽의 가장
자리 1코 세워서 코 줄이
기가 완성되었습니다.

가장자리 2코 세워서 코 줄이기

래글런 선이나 V 네크라인, Y 네크라인의 목둘레 등을 뜰 때 코를 줄이는 방법입니다. 이 방법으로 코를 줄이면 꿰매거나 코를 줍기가 편합니다.

〈겉뜨기일 때〉

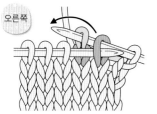

오른쪽

1 가장자리의 첫 코를 겉뜨기로 뜨고, 둘째 코와 셋째 코를 오른코 겹쳐 2코 모아뜨기로 뜹니다.

2 오른쪽의 코 줄이기가 완성되었습니다.

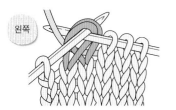

왼쪽

1 왼쪽 가장자리에서 둘째 코와 셋째 코를 왼코 겹쳐 2코 모아뜨기로 뜹니다.

2 마지막 코를 겉뜨기하면 왼쪽의 코 줄이기가 완성됩니다.

〈안뜨기일 때〉

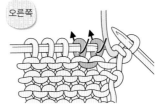

오른쪽

1 가장자리 1코를 안뜨기로 뜨고, 둘째 코와 셋째 코를 오른코 겹쳐 2코 모아 안뜨기로 뜹니다.

2 오른쪽의 코 줄이기가 완성되었습니다.

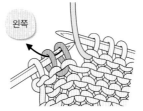

왼쪽

1 왼쪽에서 둘째 코와 셋째 코를 왼코 겹쳐 2코 모아 안뜨기로 뜹니다.

2 마지막 코를 안뜨기하면 왼쪽의 코 줄이기가 완성됩니다.

분산하여 코 줄이기

뜨개바탕의 중간중간에서 코를 줄이는 방법입니다. 고무뜨기로 바꿔 뜨기 위해 코를 줄일 때도 이 방법을 씁니다.

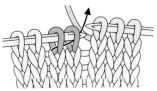

1 코를 줄일 위치까지 뜹니다. 2코의 왼쪽에서 화살표와 같이 오른쪽 바늘을 넣고,

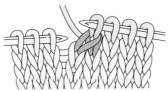

2 오른쪽 바늘에 걸린 2코를 한 번에 겉뜨기로 뜹니다.

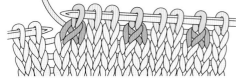

3 미리 계산해둔 간격(112쪽)에 맞춰서 코를 줄입니다. 3코 모아뜨기로 코를 줄이는 방법도 있습니다.

뜨개바탕 너비를 서서히 줄이고 싶을 때는 여러 단에 걸쳐서 코를 줄여야 합니다.

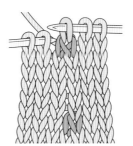

본래는 같은 간격으로 줄어야 하지만, 무늬뜨기를 할 때는 무늬를 해치지 않는 곳에서 줄일 수도 있습니다.

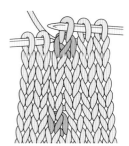

좌우대칭이 되도록 줄이려면 한쪽은 오른코 겹쳐 2코 모아뜨기를, 다른 한쪽은 왼코 겹쳐 2코 모아뜨기를 합니다.

덮어씌우기

2코 이상 줄일 때는 덮어씌우기로 줄입니다. 실 끝이 있는 쪽에서만 조작할 수 있기 때문에 뜨개바탕의 좌우가 1단씩 어긋나게 됩니다.

진동둘레 뜨는 방법

덮어씌우기와 가장자리 1코 세워서 코 줄이기가 진동둘레를 뜰 때 어떻게 사용되는지 알아보겠습니다. 소매산도 같은 요령으로 뜹니다.

〈왼쪽의 덮어씌우기와 코 줄이기〉 〈오른쪽의 덮어씌우기와 코 줄이기〉

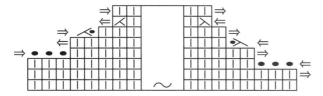  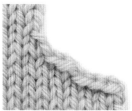

덮어씌우기 ●●● ⟸ (겉을 보며 뜨는 단)

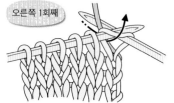  

1 첫째 코를 겉뜨기합니다.

2 둘째 코도 겉뜨기합니다.

3 오른쪽 코를 왼쪽 코에 덮어씌웁니다(첫째 코의 덮어씌우기).

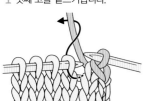 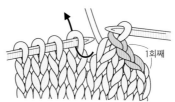 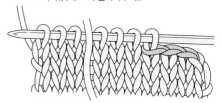

4 다음 코도 겉뜨기하고 덮어씌웁니다(둘째 코의 덮어씌우기).

5 다음 코도 뜨고 나서 덮어씌우면 3코의 덮어씌우기가 완성됩니다. 다음 코부터는 겉뜨기를 합니다.

6 왼쪽 끝까지 겉뜨기로 뜹니다.

덮어씌우기 ⟹ ●●● (안을 보며 뜨는 단)

   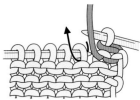

7 뜨개바탕을 뒤집고, 첫 코를 안뜨기로 뜹니다.

8 둘째 코도 안뜨기로 뜹니다.

9 오른쪽 코를 왼쪽 코에 덮어씌웁니다(첫 번째 코의 덮어씌우기).

10 다음 코도 안뜨기를 하고,

  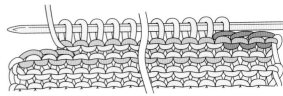

11 덮어씌웁니다(둘째 코의 덮어씌우기).

12 다음 코도 뜨고 나서 덮어씌우면 3코의 덮어씌우기가 완성됩니다. 다음 코부터는 안뜨기를 합니다.

13 왼쪽 끝까지 안뜨기를 합니다.

덮어씌우기 ◗ ◠＼ ⟸ (겉을 보면서 뜨는 단)

오른쪽 2회째 이후

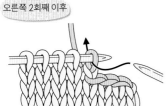

1 첫 코를 뜨지 않고 오른쪽 바늘에 옮깁니다.

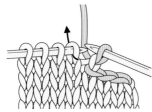

2 둘째 코에 오른쪽 바늘을 넣고,

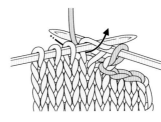

3 겉뜨기를 합니다.

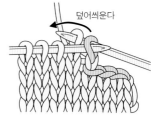

덮어씌운다

4 뜨지 않고 오른쪽 바늘에 옮긴 코를 뜬 코에 덮어씌웁니다(첫째 코의 덮어씌우기).

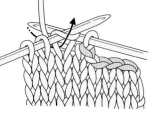

5 다음 코도 겉뜨기를 합니다.

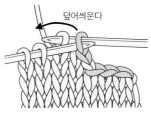

덮어씌운다

6 오른쪽 코를 뜬 코에 덮어씌웁니다(둘째 코의 덮어씌우기).

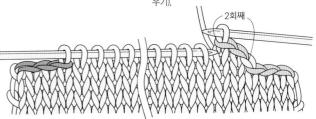

2회째

7 오른쪽 2회째 덮어씌우기(2코)가 완성되었습니다.

덮어씌우기 ⇒ ＼◠• (안을 보며 뜨는 단)

왼쪽 2회째 이후

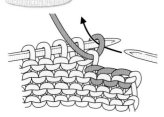

8 첫 코는 뜨지 않고 오른쪽 바늘에 옮깁니다.

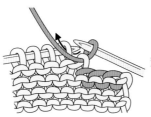

9 화살표와 같이 둘째 코 뒤쪽에서 바늘을 넣고,

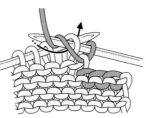

10 안뜨기를 합니다.

덮어씌운다

11 뜨지 않고 오른쪽 바늘에 옮긴 코를 뜬 코에 덮어씌웁니다(첫째 코의 덮어씌우기).

12 다음 코도 안뜨기를 합니다.

덮어씌운다

13 오른쪽 코를 뜬 코에 덮어씌웁니다(둘째 코의 덮어씌우기).

2회째

14 왼쪽 2회째 덮어씌우기(2코)가 완성되었습니다.

진동둘레의 뜨기 시작 부분에서는 '각'을 만듭니다

좌우 모두 1회째 덮어씌우기에서만 가장자리 코를 뜹니다. 이는 옆선과 진동둘레의 경계에 각(모서리)을 만들기 위해서입니다. 2회째부터는 첫 코를 뜨지 않고 그대로 오른쪽 바늘에 옮기는데, 이는 완만한 곡선을 표현하기 위해서입니다. 뜨개 기호도 구별되어 있습니다.

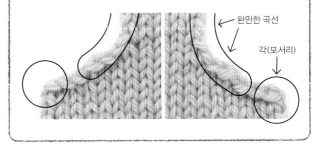

완만한 곡선

각(모서리)

덮어씌우기에 이어 1코 줄이기 ← ◺ ~ ◹ ← (겉을 보며 뜨는 단)

오른쪽

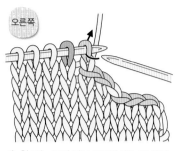

1 첫 코는 뜨지 않고 오른쪽 바늘에 옮깁니다.

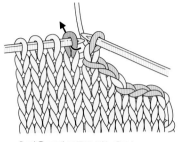

2 다음 코에 오른쪽 바늘을 넣고,

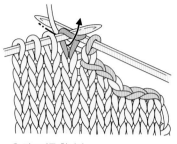

3 겉뜨기를 합니다.

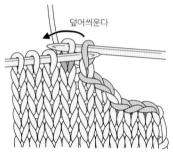

덮어씌운다

4 뜨지 않고 오른쪽 바늘에 옮긴 코를 뜬 코에 덮어씌웁니다(오른코 겹쳐 2코 모아뜨기).

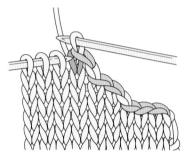

5 오른쪽의 1코를 줄였습니다. 이어서 왼쪽 끝의 2코 앞까지 뜹니다.

왼쪽

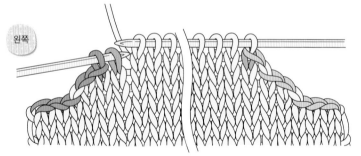

6 왼쪽 끝의 2코 앞까지 뜬 모습입니다.

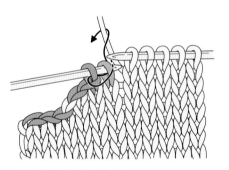

7 오른쪽 바늘을 화살표와 같이 넣고, 2코를 한 번에 겉뜨기로 뜹니다(왼코 겹쳐 2코 모아뜨기).

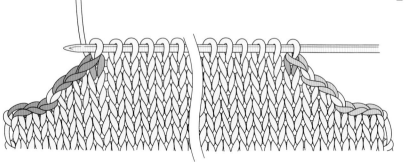

8 오른쪽과 왼쪽에서 각각 1코씩 줄인 모습입니다.

 주의!

진동둘레에서 코를 다 줄이고 나면 바늘에 걸린 콧수가 알맞은지 뜨개 도안을 보며 확인합니다.

라운드 네크라인 뜨는 방법

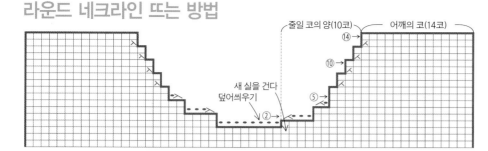

스웨터의 목둘레 모양 중에서 가장 많이 볼 수 있는 라운드 네크라인입니다. 떠온 실로 계속해서 뜨개바탕의 오른쪽 절반을 뜨고, 새로운 실을 걸어 왼쪽 절반을 뜹니다. 여기에서는 중심 부분의 코를 덮어씌우기로 막는 방법을 예로 들었으나, 작품에 따라서는 쉼코로 놔두기도 합니다. 쉼코일 때는 중심 부분의 코와 왼쪽을 뜰 코로 나누어서 쉽게 해야 후반 작업이 편해집니다.

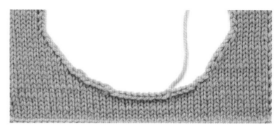

1

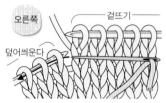

1 오른쪽 1단은 '어깨의 코와 줄일 코'를 겉뜨기로 뜨고, 남은 코는 별도의 실에 꿰어 쉬게 합니다.

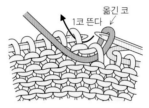

2 뜨개바탕을 뒤집어서 덮어씌우기를 합니다. 첫째 코는 뒤쪽에서 오른쪽 바늘을 넣어 그대로 오른쪽 바늘에 코를 옮기고, 두 번째 코는 안뜨기를 합니다.

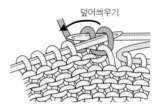

3 뜨지 않고 옮긴 코를 뜬 코에 덮어씌웁니다.

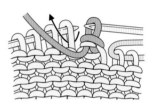

4 덮어씌우기가 1코 완성되었습니다. '안뜨기를 뜨고서 덮어씌우기'를 3회 더 반복합니다.

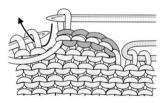

5 전부 4코를 덮어씌웠습니다. 다음 코부터는 끝까지 안뜨기를 합니다. 3단은 코를 줄이지 않고 겉뜨기합니다.

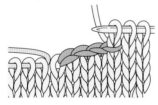

6 3단까지 뜬 모습입니다. 뜨개바탕을 뒤집고, 4단은 103쪽 8~13을 참조하여 2코를 덮어씌웁니다.

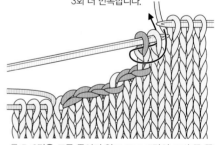

7 5, 6단은 코를 줄이지 않고 뜨고, 7단의 뜨기 끝 쪽에서 1코 줄입니다. 2코에 오른쪽 바늘을 넣습니다.

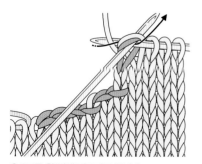

8 2코를 한 번에 겉뜨기로 뜹니다.

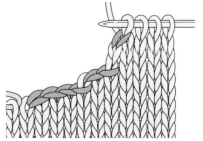

9 1코를 줄였습니다(왼코 겹쳐 2코 모아뜨기). 2단마다 1코씩 3회 더 줄입니다. 마지막 단까지 뜨면 바늘에 걸린 모든 코에 풀림막음핀을 끼워 쉬게 합니다.

쉼코에 관하여

잠시 뜨지 않을 코를 다른 실이나 풀림방지핀 등에 옮겨두는 것을 '코를 쉬게 한다, 코를 잡아둔다'고 합니다. 쉼코를 대바늘에 되돌릴 때는 뜨개코가 꼬이지 않도록 주의해야 합니다.

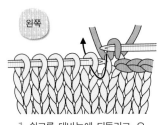

왼쪽

1 쉼코를 대바늘에 되돌리고, 오른쪽 옆의 코에 새 실을 걸어 빼냅니다. 다음 코를 겉뜨기로 뜨고,

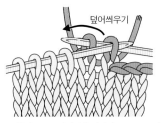

덮어씌우기

2 첫째 코를 덮어씌웁니다. '1코 뜨고 덮어씌우기'를 반복하며 중심 부분의 8코를 덮어씌웁니다. 이어서 1,2단은 코를 줄이지 않고 뜹니다.

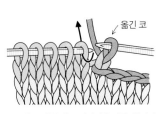

옮긴 코

3 3단부터는 덮어씌우기를 합니다. 첫째 코는 겉뜨기를 하듯이 바늘을 넣어 그대로 오른쪽 바늘에 옮기고, 둘째 코는 겉뜨기로 뜹니다.

덮어씌운다

4 첫째 코를 둘째 코에 덮어씌웁니다.

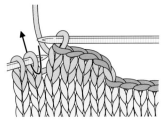

5 '겉뜨기로 뜨고 덮어씌우기'를 3회 더 반복하여 4코를 덮어씌웁니다. 다음 코부터는 끝까지 겉뜨기로 뜹니다.

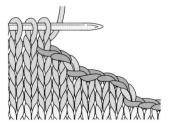

6 4단은 코를 줄이지 않고 안뜨기로 뜹니다. 5단은 103쪽 오른쪽 1~6을 참조하여 2코를 덮어씌웁니다. 남은 코는 겉뜨기를 하고, 6단은 코를 줄이지 않고 안뜨기로 뜹니다.

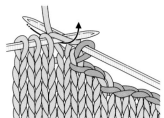

7 7단에서는 첫째 코에 겉뜨기를 하듯이 바늘을 넣어 그대로 오른쪽 바늘에 코를 옮기고, 다음 코를 겉뜨기로 뜹니다.

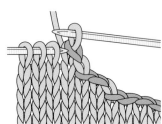

8 첫째 코를 둘째 코 위에 덮어씌웁니다. 1코 줄이기(오른코 겹쳐 2코 모아뜨기)를 완성했습니다. 2단마다 같은 방법으로 3회를 더 반복하여 코를 줄입니다.

 POINT

무늬는 1단 아래에 생긴다?
-뜨개코의 구성-

기호도대로 뜬 코를 자세히 보면, 방금 뜬 코의 바로 아래에 기호도에 있는 무늬가 나타난다는 것을 알 수 있습니다. 뜰 때는 1단 아래의 코를 이리저리 움직여서 뜨기 때문에 실제로 뜨는 단과 무늬가 생기는 단이 1단씩 어긋나게 됩니다. 어느 단을 뜨고 있는지 잊었을 때는 무늬가 1단 아래에 생긴다는 사실을 기억하세요.

기타 뜨개 기호의 예

오른코 겹쳐 2코 교차뜨기

← 뜨는 단
→ 무늬가 생기는 단

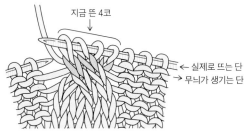

지금 뜬 4코

← 실제로 뜨는 단
→ 무늬가 생기는 단

그 밖의 뜨개코도 마찬가지입니다. 예컨대 오른코 겹쳐 2코 교차뜨기는 실제로는 겉뜨기 4코를 뜨지만 그 아래 단에 교차 모양이 나타나게 됩니다.

'라운드 네크라인 뜨는 방법'의 예 (8번 과정)

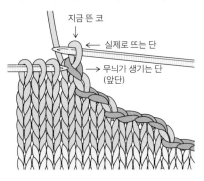

지금 뜬 코

← 실제로 뜨는 단

→ 무늬가 생기는 단 (앞단)

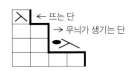

← 뜨는 단
→ 무늬가 생기는 단

오른쪽 바늘에 걸려 있는 코가 지금 뜬 코입니다. 바로 아래에 오른코 겹쳐 2코 모아뜨기 모양이 나타나 있습니다. 2단 아래의 덮어씌우기 코도 뜨는 단의 아래에 그 모습이 나타나 있습니다.

예외 걸기코나 코 만들기는 뜨는 단에서 코가 늘어납니다.

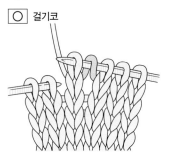

걸기코

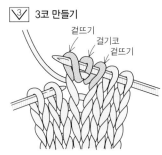

3코 만들기

겉뜨기
걸기코
겉뜨기

V 네크라인 뜨는 방법

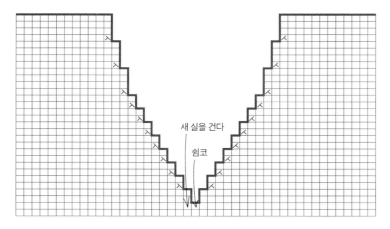

V 네크라인도 자주 볼 수 있는 목둘레 모양입니다. 라운드 네크라인과 마찬가지로 먼저 오른쪽 절반을 뜨고, 이어서 왼쪽 절반을 뜹니다. 여기에서는 몸판의 콧수가 홀수일 때를 예로 들어 설명합니다. 몸판의 콧수가 짝수일 때는 중심에 쉼코를 두지 않고 뜹니다. 목둘레단이 2코 고무뜨기일 때는 쉼코를 2코로 잡는 경우도 있습니다.

새 실을 건다
쉼코

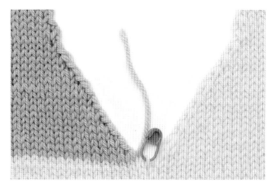

뜨는 순서

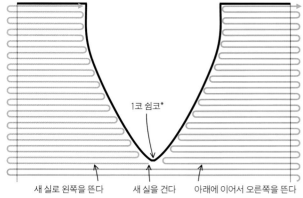

1코 쉼코*

새 실로 왼쪽을 뜬다　　새 실을 건다　　아래에 이어서 오른쪽을 뜬다

* 몸판의 콧수가 짝수일 때는 쉼코를 두지 않고 뜬다.

오른쪽

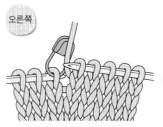

1 1단은 목둘레 중심의 1코 앞까지 뜨고, 중심 1코에는 단코표시핀을 채워서 쉬게 합니다.

2 왼쪽의 코들은 별도의 실에 꿰어 쉬게 합니다.

왼쪽

3 2단은 안을 보며 그대로 뜨고, 3단은 뜨기 끝 쪽 가장자리에서 2코 앞까지 뜹니다.

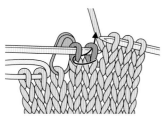

4 가장자리 2코에 오른쪽 바늘을 넣어 왼코 겹쳐 2코 모아뜨기를 합니다.

5 1코를 줄였습니다. 오른쪽 부분은 이와 같은 요령으로 뜨기 끝 쪽에서 왼코 겹쳐 2코 모아뜨기를 합니다.

1 중심코의 다음 코부터 새 실로 뜹니다.

2 1,2단은 코를 줄이지 않고 그대로 뜹니다.

3 3단부터 코를 줄입니다. 가장자리 코를 그대로 오른쪽 바늘로 옮기고,

오른쪽 바늘로 옮긴다

4 다음 코를 떠서 덮어씌웁니다.

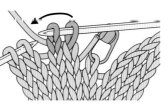

5 1코를 줄였습니다(오른코 겹쳐 2코 모아뜨기). 왼쪽 부분은 이와 같은 요령으로 뜨기 시작 쪽에서 오른코 겹쳐 2코 모아뜨기를 합니다.

코 늘리기

대바늘에 걸려 있는 콧수를 늘립니다. 뜨개바탕의 가장자리나 도중에서 조작합니다.
코를 늘리는 방법은 여러 가지가 있는데, 실의 굵기나 무늬 등 조건에 따라 알맞은 방법을 고릅니다.

돌려뜨기로 코 늘리기

코와 코 사이에 걸쳐진 싱커 루프를 끌어
올려서 코를 늘리는 방법입니다. 굵지 않
은 실이나 매끄러운 실에 알맞습니다. 돌
려뜨기로 코를 늘리면 좌우대칭이 됩니다.

〈겉뜨기일 때〉

1 오른쪽 가장자리 1코를 뜨고,
싱커 루프에 오른쪽 바늘을 화살
표와 같이 넣습니다.

2 오른쪽 바늘로 끌어올린 싱커
루프를 왼쪽 바늘에 옮깁니다.

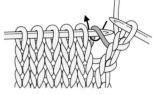

3 화살표와 같이 오른쪽 바늘을
넣습니다.

4 실을 걸어 빼냅니다.

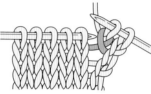

5 오른쪽에서 돌려뜨기로 코를 늘
렸습니다.

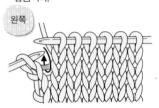

6 왼쪽 가장자리 1코 앞까지 뜨고,
싱커 루프에 오른쪽 바늘을 화살표와
같이 넣습니다.

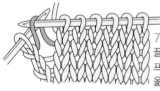

7 오른쪽 바늘로
끌어올린 싱커 루
프를 왼쪽 바늘에
옮깁니다.

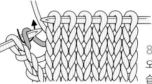

8 화살표와 같이
오른쪽 바늘을 넣
습니다.

9 실을 걸어 빼
냅니다.

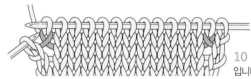

10 왼쪽과 오른쪽에서 돌려뜨기로 코를 늘린 모습
입니다. 이어서 왼쪽의 가장자리 1코를 뜹니다.

오른코 늘리기 · 왼코 늘리기

늘리는 단의 간격이 넓을 때 이 방법을 사용합니다.

〈겉뜨기일 때〉

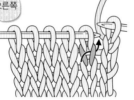

1 오른쪽의 가장자리 코를 뜨고, 다음
코의 아랫단 코에 화살표와 같이 오른
쪽 바늘을 넣습니다.

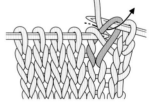

2 오른쪽 바늘을 끌어올려서 실을
걸어 빼냅니다(겉뜨기).

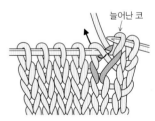

3 코가 늘어났습니다. 다음 코를
겉뜨기로 뜹니다.

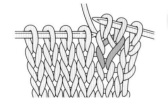

4 오른코 늘리기를 완성한 모습
입니다.

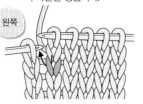

5 왼쪽 가장자리의 1코 앞까지 뜨고,
2단 아래의 코에 화살표와 같이 오른쪽
바늘을 넣습니다.

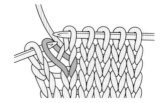

6 오른쪽 바늘로 끌어올린 코를 왼쪽 바늘
에 옮기고, 그 코에서부터 바늘을 넣어 겉뜨
기를 합니다.

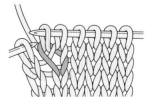

7 왼코 늘리기가 완성되었습니다.
마지막으로 왼쪽 가장자리 코를 뜹니
다.

〈안뜨기일 때〉

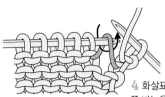

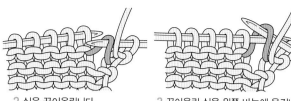

오른쪽

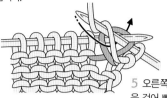

1 오른쪽 가장자리 1코를 뜨고, 오른쪽 바늘을 걸쳐진 실에 화살표와 같이 넣습니다.

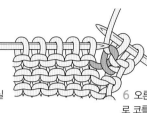

2 실을 끌어올립니다.

3 끌어올린 실을 왼쪽 바늘에 옮깁니다.

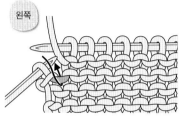

4 화살표와 같이 오른쪽 바늘을 넣습니다.

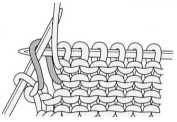

5 오른쪽 바늘에 실을 걸어 빼냅니다.

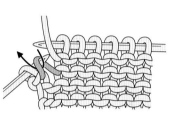

6 오른쪽에서 돌려뜨기로 코를 늘린 모습입니다.

왼쪽

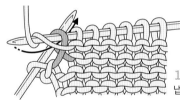

7 왼쪽의 가장자리 1코 앞까지 뜨고, 싱커 루프에 화살표와 같이 오른쪽 바늘을 넣습니다.

8 오른쪽 바늘로 끌어올린 루프를 왼쪽 바늘에 옮깁니다.

9 화살표와 같이 오른쪽 바늘을 넣습니다.

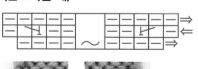

10 실을 걸어 빼냅니다.

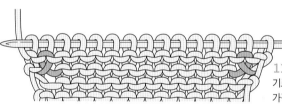

11 왼쪽과 오른쪽에서 돌려뜨기로 코를 늘리고, 이어서 왼쪽 가장자리 1코를 뜬 모습입니다.

〈안뜨기일 때〉

오른쪽

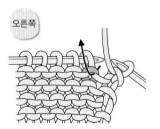

늘어난 코

1 오른쪽 가장자리 1코를 뜨고, 다음 코의 바깥쪽 코를 오른쪽 바늘로 화살표와 같이 끌어올립니다.

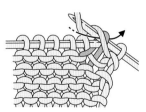

2 실을 걸어 안뜨기를 합니다.

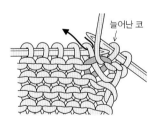

3 코가 늘어났습니다. 다음 코는 안뜨기를 합니다.

왼쪽

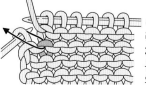

4 왼쪽의 가장자리 1코 앞까지 뜨고, 2단 아래의 코에 오른쪽 바늘을 화살표와 같이 넣습니다.

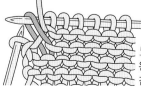

5 끌어올려서 왼쪽 바늘로 옮깁니다.

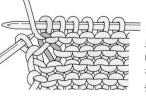

6 옮긴 코를 안뜨기로 뜨면 코가 늘어납니다. 이어서 왼쪽 가장자리 1코도 안뜨기를 합니다.

걸기코와 돌려뜨기로 코 늘리기
굵은 실에 알맞은 방법입니다. 코를 늘리는 단에서 걸기코를 하고, 다음 단에서 그 코를 돌려뜨기로 뜹니다.

〈겉뜨기일 때〉

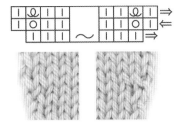

걸기코 (겉을 보며 뜨는 단)

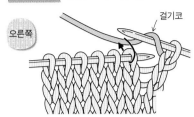

오른쪽

1 오른쪽 가장자리 1코를 뜨고, 걸기코를 합니다. 다음 코를 겉뜨기로 뜹니다.

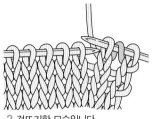

2 겉뜨기한 모습입니다.

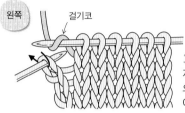

왼쪽

3 왼쪽의 가장자리 1코 앞까지 뜨고, 걸기코(뒤쪽에서 앞으로 실을 겁니다)를 한 다음에 왼쪽 가장자리 코를 겉뜨기로 뜹니다.

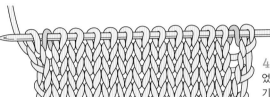

4 걸기코가 완성되었습니다. 좌우의 걸기코는 대칭입니다.

돌려뜨기 (안을 보며 뜨는 단)

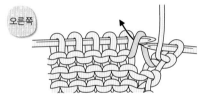

오른쪽

5 오른쪽 가장자리 1코를 안뜨기로 뜨고, 아랫단의 걸기코에 오른쪽 바늘을 화살표와 같이 넣습니다.

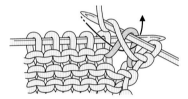

6 실을 걸어 화살표와 같이 빼냅니다.

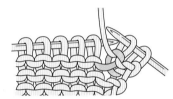

7 코가 늘어났습니다.

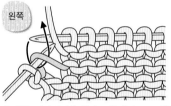

왼쪽

8 왼쪽 가장자리의 걸기코 앞까지 뜨고, 아랫단의 걸기코에 오른쪽 바늘을 화살표와 같이 넣습니다.

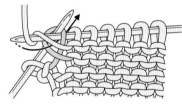

9 실을 걸어 화살표와 같이 빼냅니다.

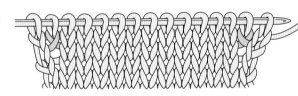

10 걸기코와 돌려뜨기로 좌우의 코를 늘린 모습입니다.

분산하여 코 늘리기
뜨개바탕의 중간 중간에서 코를 늘리는 방법입니다.

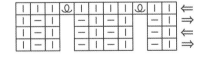

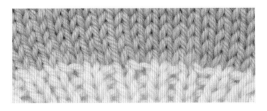

1 코를 늘릴 위치까지 뜹니다. 코와 코 사이에 걸쳐진 싱커 루프를 오른쪽 바늘로 끌어올려서 왼쪽 바늘에 옮깁니다.

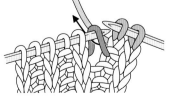

2 오른쪽 바늘을 화살표와 같이 넣어서 겉뜨기를 합니다.

3 지정한 위치에서 코를 늘립니다.

〈안뜨기일 때〉

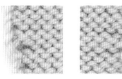

걸기코 (겉을 보며 뜨는 단)

오른쪽

1 오른쪽 가장자리 1코를 안뜨기로 뜨고, 걸기코를 합니다. 다음 코를 안뜨기로 뜹니다.

왼쪽

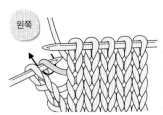

2 왼쪽의 가장자리 1코 전까지 뜹니다. 이어서 걸기코(오른쪽 바늘 뒤쪽에서 앞쪽으로 실을 겁니다)를 한 다음, 가장자리 코를 안뜨기로 뜹니다.

돌려뜨기 (안을 보며 뜨는 단)

오른쪽

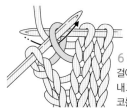

3 오른쪽 가장자리 1코를 뜨고, 아랫단의 걸기코에 오른쪽 바늘을 화살표와 같이 넣습니다.

4 오른쪽 바늘에 실을 걸고 화살표와 같이 빼냅니다.

왼쪽

5 왼쪽 가장자리의 걸기코 전까지 뜨고, 아랫단의 걸기코에 오른쪽 바늘을 화살표와 같이 넣습니다.

6 오른쪽 바늘에 실을 걸어 화살표와 같이 빼내고, 왼쪽 가장자리 코를 겉뜨기로 뜹니다.

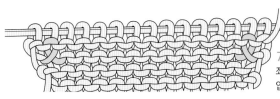

7 걸기코와 돌려뜨기로 좌우의 코를 늘린 모습입니다.

감아코로 코 늘리기

뜨개바탕 양 끝에서 바늘에 실을 감아 코를 늘리는 방법입니다. 2코 이상 늘릴 때는 뜨기 끝 쪽에서 늘리기 때문에 좌우가 1단씩 어긋나지만, 1코만 늘릴 때는 같은 단에서 늘립니다.

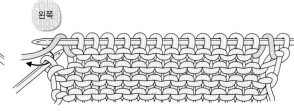

〈2코 이상의 감아코로 코 늘리기〉

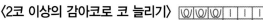

오른쪽

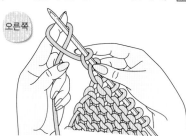

1 검지에 걸린 실에 그림과 같이 바늘을 넣고 손가락을 뺍니다.

2 1을 반복해서 3코를 늘린 모습입니다.

3 다음 단에서는 가장자리 코에 오른쪽 바늘을 화살표와 같이 넣고,

4 겉뜨기를 합니다. 다음 코부터 겉뜨기로 뜹니다(여러 단에 걸쳐서 코를 늘릴 때는 가장자리 코를 뜨지 않고 그대로 옮깁니다).

왼쪽

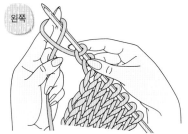

1 검지에 걸린 실에 그림과 같이 바늘을 넣고 손가락을 뺍니다.

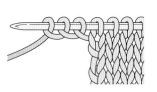

2 1을 반복해서 3코를 늘린 모습입니다.

3 다음 단에서는 가장자리 코에 오른쪽 바늘을 화살표와 같이 넣고,

4 안뜨기를 합니다. 다음 코부터 안뜨기로 뜹니다.(여러 단에 걸쳐서 코를 늘릴 때는 가장자리 코를 뜨지 않고 그대로 옮깁니다).

┌─ 이렇게 코를 늘리는 방법도 있습니다 ─┐

해외에서 많이 사용하는 방법입니다. 1코에 2코를 떠 넣습니다.
뜨개코의 모양이 예쁘고, 코를 줍는 위치를 쉽게 알아볼 수 있는 장점이 있습니다.

● 1코에 2코 떠 넣어 코 늘리기(겉뜨기)

 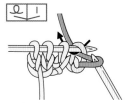 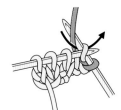 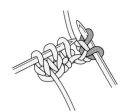

1 가장자리 코를 겉뜨기로
뜨는데, 이때 왼쪽 바늘의 코
를 벗겨내지 않습니다.

2 다시 돌려뜨기를 하듯이 바
늘을 넣고,

3 실을 걸어 빼냅니다.

4 가장자리 1코에 겉뜨기를
2코 떠 넣었습니다.

● 1코에 2코 떠 넣어 코 늘리기(안뜨기)

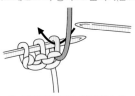 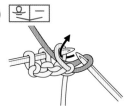 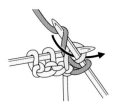 

1 가장자리 코를 안뜨기로 뜨
는데, 이때 왼쪽 바늘의 코를 벗
겨내지 않습니다.

2 다시 돌려뜨기를 하듯이 바
늘을 넣고,

3 실을 걸어 빼냅니다.

4 가장자리 1코에 안뜨기를
2코 떠 넣었습니다.

균등하게 코를 증감하는 방법

고무뜨기로 밑단을 뜨거나 코를 주워서 앞여밈단을 뜰 때는 분산하여 코를 늘이거나 줄여야 합니다. 이때 사용하는 계산을
'평균 계산'이라고 합니다. 여러 가지 상황에서 응용할 수 있으므로 꼭 알아두시기 바랍니다.

평균 계산 Point 1

증감하는 코의 간격 수

우선은 코의 간격에 대해 생각해야
합니다. 예를 들어, 길이가 정해진 길
에 나무 3그루를 심는다고 가정해보
면 나무 사이의 간격은 대략 3가지 형
태로 나타납니다.
'나무＝줄이거나 늘리는 코의 위치'라
면, 어디에서 코를 줄이거나 늘리느냐
에 따라서 간격의 수가 달라집니다.

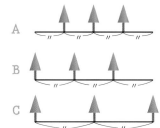

A 길에서 시작하여 길에서 끝날 경우 간격의 수는 증감하는 콧수(3코)+1=4

B 나무에서 시작하여 길에서 끝날 경우 간격의 수는 증감하는 콧수(3코)=3

C 나무에서 시작하여 나무에서 끝날 경우 간격의 수는 증감하는 콧수(3코)−1=2

평균 계산 Point 2

어떻게 계산할까?

평균 계산은 대바늘 손뜨개에서만 쓰는 계산법
입니다. 예를 들어, 사탕 8개를 상자 3개에 균등
하게 나누는 상황을 생각해봅시다. 그러면 우선
2개씩 나누고, 남은 2개를 다시 1개씩 상자 2개
에 넣어야 합니다. 그러면 사탕이 3개 든 상자는
2개, 2개 든 상자는 1개가 됩니다. 이를 계산식으
로 표현하면 오른쪽과 같습니다. 113쪽에서는 이
계산식이 실제로 어떻게 쓰이는지도 알아봅니다.

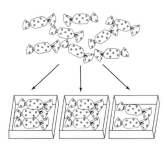

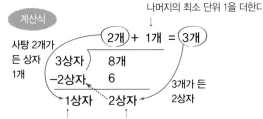

계산식

나머지의 최소 단위 1을 더한다

(2개) + 1개 = (3개)

사탕 2개가
든 상자
1개

3상자 ┃ 8개
−2상자 ┃ 6
─────────
↑1상자 2상자↑

3개가 든
2상자

많이 들어가는 상자의   많이 들어가는 상자의
수   수를 뺀 나머지

사탕＝증감할 장소의 콧수(또는 단수)
상자＝간격 수

●줄일 코를 균등하게 분산하기 (예) 몸판→밑단

●= (8코) ○= (7코) ★= 코 줄이기를 하는 위치

Point 1 나눌 간격 수

양쪽 가장자리에서는 코를 줄이지 않으므로 길에서 시작하여 길에서 끝나는 A의 패턴입니다.
즉, 줄일 콧수(7코)+1=8로 나눕니다.

Point 2 계산식에 대입한다

8코를 4회 … '6코를 뜨고 7째코와 8째코를 2코 모아뜨기'를 4회 하고,
7코를 4회 … '5코를 뜨고 6째코와 7째코를 2코 모아뜨기'를 4회 한 다음, 마지막에 7코를 뜹니다.

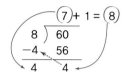

●늘릴 코를 균등하게 분산하기 (예) 밑단→몸판

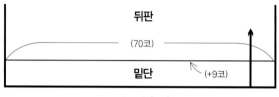

●= (7코) ○= (6코) ★= 코 늘리기 하는 위치

Point 1 나눌 간격 수

양쪽 가장자리에서는 코를 늘리지 않으므로 길에서 시작하여 길로 끝나는 A패턴입니다.
즉, 늘릴 콧수(9코)+1=10으로 나눕니다.

Point 2 계산식에 대입한다

7코를 1회 … '7코를 뜨고 1코 늘리기'를 1회 하고,
6코를 9회 … '6코를 뜨고 1코 늘리기'를 8회 한 다음, 마지막에 6코를 뜹니다.

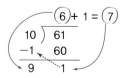

●주울 코를 균등하게 분산하기 (예) 몸판→앞여밈단

코를 주울 때는 늘리거나 줄일 코의 위치를
'코를 줍지 않고 건너뛰는 위치'라고 생각하여 계산합니다.

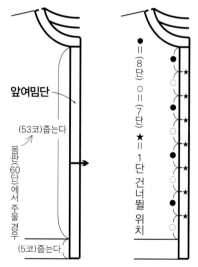

●= (8단) ○= (7단) ★= 1 단 건너뜰 위치

Point 1 나눌 간격 수

양쪽 가장자리에서 코를 주워야 하므로 길에서 시작하여 길로 끝나는 A패턴입니다.
즉, 건너뛸 코의 수(60-53코)+1=8로 나눕니다.

Point 2 계산식에 대입한다

8단을 4회 … '7단은 단마다 1코를 줍고, 8단은 건너뛰기'를 4회 반복하고,
7단을 4회 … '6단은 단마다 1코를 줍고, 7단은 건너뛰기'를 3회 반복한 다음, 마지막에는 7단에서 코를 줍습니다.

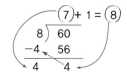

되돌아뜨기(경사 만들기)

어깨선이나 밑단의 곡선 등 가로 방향으로 사신과 곡신을 뜰 때 주로 사용하는 방법입니다. 코를 남기면서 되돌아뜨는 '남겨 되돌아뜨기'와 코를 늘리면서 되돌아 뜨는 '늘려 되돌아뜨기'가 있습니다.

남겨 되돌아뜨기

어깨의 사선을 뜰 때 주로 사용하는 방법입니다. 2단마다 뜨개코를 남기며 되돌아 뜹니다. 필요한 횟수만큼 되돌아뜨기를 하고, 마지막 단에서 단과 단 사이의 격차를 없앱니다.

〈겉뜨기일 때〉

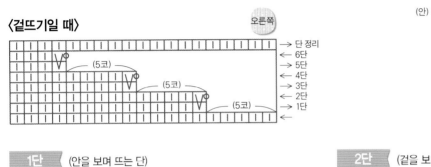

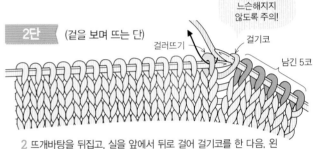

※알아보기 쉽도록 단 정리 단계에서는 실의 색깔을 바꾸었습니다.

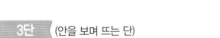

1단 (안을 보며 뜨는 단)

5코 남긴다

1 첫 번째 되돌아뜨기입니다. 안을 보며 뜨는 단으로, 왼쪽 바늘에 5코를 남기고 뜹니다.

3 다음 코는 겉뜨기를 합니다.

4 남은 코도 겉뜨기를 합니다.

2단 (겉을 보며 뜨는 단)

걸기코가 느슨해지지 않도록 주의!

걸러뜨기   걸기코   남긴 5코

2 뜨개바탕을 뒤집고, 실을 앞에서 뒤로 걸어 걸기코를 한 다음, 왼쪽 바늘의 첫째 코를 걸러뜨기 하여 오른쪽 바늘에 옮깁니다.

3단 (안을 보며 뜨는 단)

걸기코는 세지 않아요   5코 남긴다

5 두 번째 되돌아뜨기입니다. 왼쪽 바늘에 5코를 남기고 뜹니다.

4단 (겉을 보며 뜨는 단)

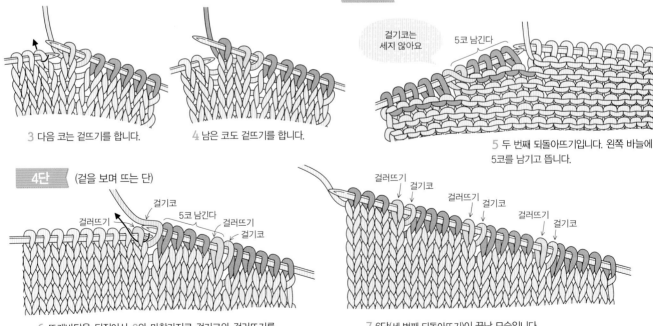

걸러뜨기   걸기코   5코 남긴다   걸러뜨기   걸기코

6 뜨개바탕을 뒤집어서 2와 마찬가지로 걸기코와 걸러뜨기를 하고, 남은 코는 겉뜨기를 합니다. 5~6을 반복합니다.

걸러뜨기   걸기코   걸러뜨기   걸기코   걸러뜨기   걸기코

7 6단(세 번째 되돌아뜨기)이 끝난 모습입니다.

코의 순서를 바꾸는 방법(안을 보며 뜨는 단에서 조작한다)

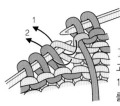

1 실을 앞쪽에 두고, 오른쪽 바늘에 1·2의 순서로 2코를 옮깁니다.

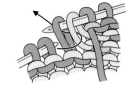

2 옮긴 2코에 화살표와 같이 왼쪽 바늘을 넣어 코를 되돌립니다.

3 코의 순서가 바뀌었습니다.

단 정리 (안을 보며 뜨는 단)

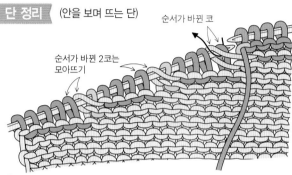

순서가 바뀐 코

순서가 바뀐 2코는 모아뜨기

8 안을 보며 뜨는 단에서 단 정리를 합니다. 걸기코와 그 왼쪽 코의 순서를 바꿔(위의 '코의 순서를 바꾸는 방법' 참조). 2코를 모아 안뜨기로 뜹니다.

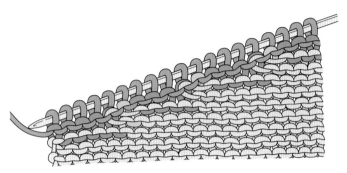

9 오른쪽의 되돌아뜨기를 완성했습니다. 걸기코는 안쪽에 나타나 겉에서는 보이지 않습니다.

왼쪽

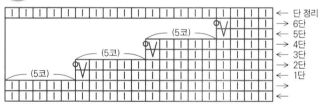

← 단 정리
→ 6단
← 5단
→ 4단
← 3단
→ 2단
← 1단
→

(5코)
(5코)
(5코)

(겉)

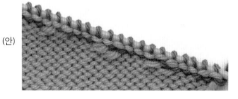

(안)

1단 (겉을 보며 뜨는 단)

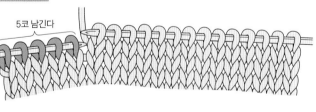

5코 남긴다

1 첫 번째 되돌아뜨기를 합니다. 겉을 보며 뜨는 단에서 왼쪽 바늘에 5코를 남기고 뜹니다.

2단 (안을 보며 뜨는 단)

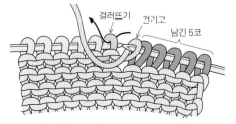

걸러뜨기   걸기고   남긴 5코

2 뜨개바탕을 뒤집어서 실을 그림과 같이 걸어 걸기코를 하고, 왼쪽 바늘의 첫째 코를 걸러뜨기 하여 오른쪽 바늘에 옮깁니다.

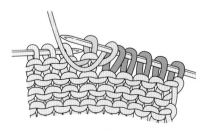

3 걸러뜨기를 한 모습입니다. 다음 코는 안뜨기를 합니다.

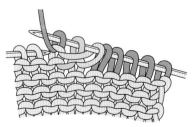

4 남은 코도 안뜨기를 합니다.

115

3단 (겉을 보며 뜨는 단)

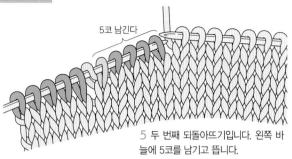

5코 남긴다

5 두 번째 되돌아뜨기입니다. 왼쪽 바늘에 5코를 남기고 뜹니다.

> **어깨선은 왼쪽이 1단 많아집니다**
>
> 기호도를 비교해보면 알 수 있듯이 왼쪽의 되돌아 뜨기는 오른쪽보다 1단 늦게 시작됩니다. 그 결과, 왼쪽의 어깨선이 1단 많아집니다. 이는 단의 뜨기 끝 부분에서밖에 코를 남길 수 없기 때문에 일어나는 현상입니다. 어깨선과 앞뒤의 몸판을 연결하면 좌우의 차이가 상쇄되므로 전체적으로는 단수가 같아집니다.

4단 (안을 보며 뜨는 단)

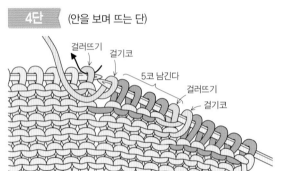

걸러뜨기　걸기코

5코 남긴다

걸러뜨기

걸기코

6 뜨개바탕을 뒤집어서 2와 마찬가지로 걸기코와 걸러뜨기를 하고, 남은 코는 안뜨기로 뜹니다. 5~6을 반복합니다.

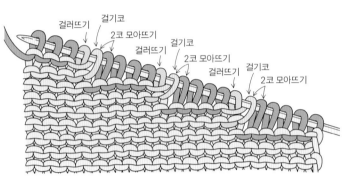

걸러뜨기　걸기코

2코 모아뜨기

걸기코

걸러뜨기

2코 모아뜨기

걸러뜨기　걸기코

2코 모아뜨기

7 6단(세 번째 되돌아뜨기)을 다 뜬 모습입니다.

단 정리 (겉을 보며 뜨는 단)

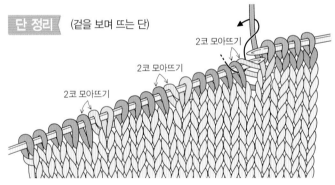

2코 모아뜨기

2코 모아뜨기

2코 모아뜨기

8 겉을 보며 뜨는 단에서 단 정리를 합니다. 코의 순서는 바꾸지 않으며, 걸기코와 그 왼쪽 코에 화살표와 같이 오른쪽 바늘을 넣어 2코 모아뜨기로 겉뜨기를 합니다.

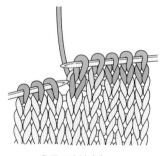

9 뜬 모습입니다.

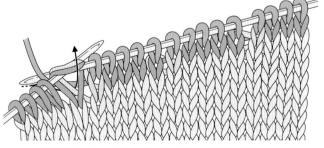

10 세 번째까지 같은 요령으로 뜹니다. 걸기코는 겉에서 보이지 않습니다.

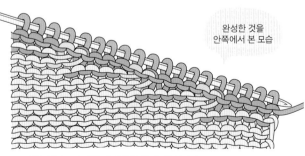

완성한 것을 안쪽에서 본 모습

11 걸기코가 안쪽에 있음을 알 수 있습니다.

걸기코 대신 단코표시핀을 사용하는 방법

되돌아뜨기의 걸기코가 너무 느슨해질 때 알맞은 방법입니다.
걸기코를 하는 부분에 단코표시핀을 넣고, 걸기코를 하지 않고 걸러뜨기를 합니다.

 오른쪽

2단 (겉을 보며 뜨는 단)

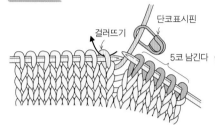

단코표시핀

걸러뜨기

5코 남긴다

1 걸기코 대신 그림과 같이 단코표시핀을 넣고 걸러뜨기를 합니다. 2회째와 3회째의 걸기코도 마찬가지입니다.

단 정리 (안을 보며 뜨는 단)

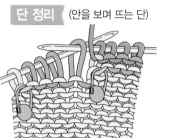

2 단을 정리할 때는 단코표시핀이 있는 곳까지 안뜨기를 하고, 다음 코를 뜨지 않은 상태로 오른쪽 바늘에 옮깁니다.

왼쪽 바늘로 되돌린다

3 단코표시핀을 넣은 코에 아래쪽에서부터 바늘을 넣어 끌어올린 다음, 오른쪽 바늘에 옮겨놓은 코를 되돌립니다.

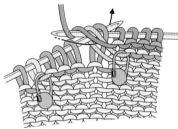

4 2코를 한 번에 안뜨기로 뜹니다.

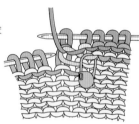

5 나머지도 똑같은 요령으로 뜹니다.

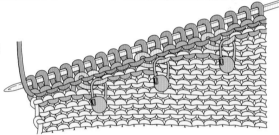

6 단코표시핀을 사용한 되돌아뜨기가 완성되었습니다. 이제 단코표시핀은 빼냅니다.

 왼쪽

2단 (안을 보며 뜨는 단)

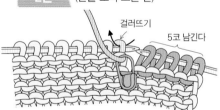

걸러뜨기

5코 남긴다

1 걸기코 대신 그림과 같이 단코표시핀을 넣고 걸러뜨기를 합니다. 두 번째와 세 번째의 걸기코도 마찬가지입니다.

단 정리 (겉을 보며 뜨는 단)

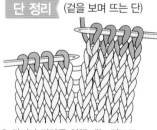

2 단끼리 격차를 없앨 때는 단코표시핀이 있는 곳까지 겉뜨기로 뜨고,

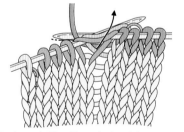

3 단코표시핀을 넣은 코에 위쪽에서부터 왼쪽 바늘을 넣어 끌어올린 다음, 왼쪽에 있는 코와 한 번에 겉뜨기를 합니다.

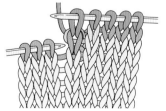

4 나머지도 같은 요령으로 뜹니다.

완성한 것을 안쪽에서 본 모습

5 단코표시핀을 사용한 되돌아뜨기가 완성되었습니다. 이제 단코표시핀은 빼냅니다.

117

〈안뜨기일 때〉

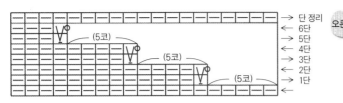

단 정리
← 6단
→ 5단
← 4단
→ 3단
← 2단
→ 1단
←

(5코)
(5코)
(5코)

오른쪽

(겉)

(안)

※알아보기 쉽도록 단 정리 단계에서는 실의 색깔을 바꾸었습니다.

1단 (안을 보며 뜨는 단)

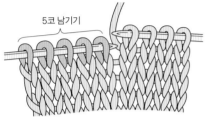

5코 남기기

1 첫 번째 남겨 되돌아뜨기입니다. 안을 보며 뜨는 단에서 왼쪽 바늘에 5코를 남기고 뜹니다.

3 오른쪽 바늘에 옮깁니다.

2단 (겉을 보며 뜨는 단)

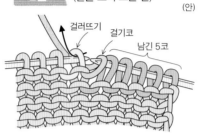

걸러뜨기
걸기코
남긴 5코

2 뜨개바탕을 뒤집어서 걸기코를 합니다. 왼쪽 바늘의 첫째 코를 걸러뜨기 하여,

걸러뜨기
걸기코

4 다음 코부터는 안뜨기를 합니다.

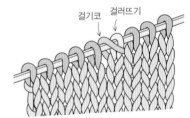

걸기코
걸러뜨기

5 걸기코와 걸러뜨기를 안쪽에서 본 모습입니다.

단 정리 (안을 보며 뜨는 단)

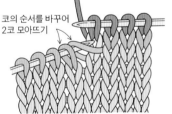

코의 순서를 바꾸어
2코 모아뜨기

6 안을 보며 뜨는 단에서 단 사이의 격차를 없앱니다. 걸러뜨기 한 코까지 뜹니다.

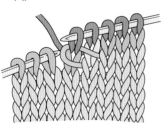

8 2코 모아뜨기를 했습니다. 3회째까지 같은 요령으로 뜹니다.

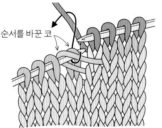

순서를 바꾼 코

7 걸기코와 그 왼쪽 코의 순서를 바꾸고, 2코 모아뜨기로 겉뜨기를 합니다(오른쪽 그림의 '코의 순서를 바꾸는 방법'을 참조).

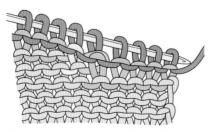

9 오른쪽의 되돌아뜨기를 완성한 모습입니다.

코의 순서를 바꾸는 방법
(안을 보며 뜨는 단에서 조작한다)

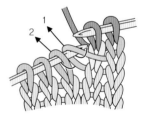

1
2

1 오른쪽 바늘에 1·2의 순서로 코를 옮깁니다.

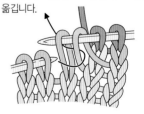

2 오른쪽 바늘에 옮긴 2코에 화살표와 같이 왼쪽 바늘을 넣어 되돌립니다.

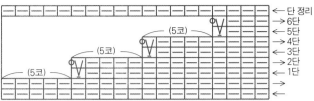

왼쪽

← 단 정리
→ 6단
← 5단 (5코)
→ 4단
→ 3단 (5코)
→ 2단
← 1단
(5코)
→

(겉)

1단 (겉을 보며 뜨는 단)

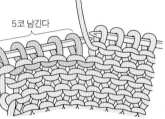

5코 남긴다

1 첫 번째 되돌아뜨기입니다. 겉을 보며 뜨는 단에서 왼쪽 바늘에 5코를 남기고 뜹니다.

2단 (안을 보며 뜨는 단)

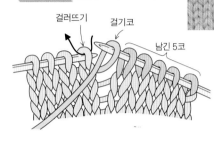

걸러뜨기　걸기코　　남긴 5코

2 뜨개바탕을 뒤집어서 실을 그림과 같이 걸어 걸기코를 합니다. 왼쪽 바늘의 첫째 코를 걸러뜨기하여.

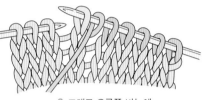

3 그대로 오른쪽 바늘에 옮깁니다.

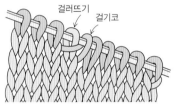

걸러뜨기　걸기코

4 다음 코부터는 겉뜨기를 합니다.

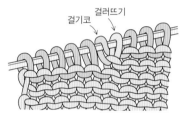

걸기코　걸러뜨기

5 걸기코와 걸러뜨기를 겉에서 본 모습입니다.

단 정리 (겉을 보며 뜨는 단)

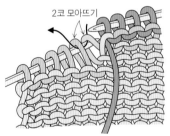

2코 모아뜨기

6 겉을 보며 뜨는 단에서 단 사이의 격차를 없앱니다. 걸기코와 그 왼쪽 코에 화살표와 같이 오른쪽 바늘을 넣습니다.

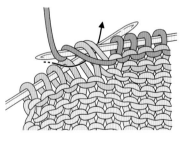

7 실을 걸어 2코를 한 번에 안뜨기로 뜹니다.

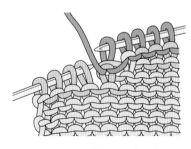

8 2코 모아뜨기를 했습니다. 세 번째까지 같은 요령으로 뜹니다.

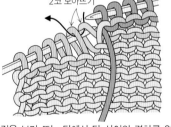

9 왼쪽의 되돌아뜨기를 완성한 모습입니다.

되돌아뜨기의 구성과 포인트

되돌아뜨기 할 때 걸기코와 걸러뜨기를 하는 이유는 단과 단의 차이를 줄여 완만한 선을 그리기 위해서입니다. 걸기코로 늘어난 코를 모아뜨기로 줄이면 단의 경계가 완만해집니다. 안을 보며 뜨는 단에서 단을 정리할 때 코의 위치를 바꾸면 걸기코의 실이 겉에서 보이지 않게 됩니다.

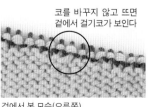

코를 바꾸지 않고 뜨면 겉에서 걸기코가 보인다

겉에서 본 모습(오른쪽)

119

늘려 되돌아뜨기

소매산과 같이 곡선이나 사선으로 뜰 때 주로 사용하는
방법입니다. 양말의 뒤축을 뜰 때도 응용할 수 있습니다.
우선은 최종적으로 필요한 콧수를 뜨고, 서서히 콧수를
늘려가며 되돌아뜨기를 합니다.

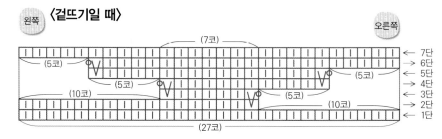

〈겉뜨기일 때〉
왼쪽 / 오른쪽

뜨는 순서

☆ = 왼쪽에서의 단 정리   ☆ = 오른쪽에서의 단 정리
★ = 왼쪽에서의 되돌아뜨기   ★ = 오른쪽에서의 되돌아뜨기
뜨기 시작

1단 (겉을 보며 뜨는 단)

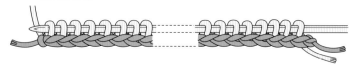

1 별도사슬의 코산에서 필요한 콧수(기호도에서는 27코)를 줍습니다.

2단 (안을 보며 뜨는 단)

2 뜨개바탕을 뒤집어서 왼쪽 바늘에 10코(되돌아뜨기 2회분)를
남기고 안뜨기를 합니다.

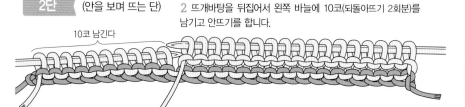

10코 남긴다

> 걸기코 대신 단코표시핀을 사용하는 방
> 법도 있습니다. 자세한 내용은 117쪽을
> 참조하세요.

3단 (겉을 보며 뜨는 단)

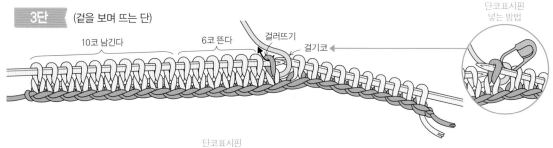

10코 남긴다   6코 뜬다   걸러뜨기   걸기코

단코표시핀
넣는 방법

3 뜨개바탕을 뒤집어 오른
쪽의 첫 번째 되돌아뜨기를
합니다. 걸기코를 하고, 왼
쪽 바늘의 첫째 코를 걸러
뜨기 한 다음. 왼쪽 바늘에
10코를 남기고 겉뜨기를 합
니다.

4단 (안을 보며 뜨는 단)

걸러뜨기   걸기코

단코표시핀
넣는 방법

오른쪽 첫 번째 단 정리입
니다. 코의 순서를 바꾸어
2코 모아뜨기를 하세요!

6코   걸러뜨기   걸기코

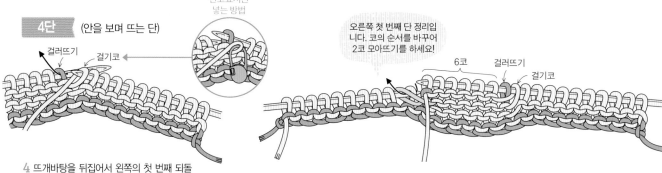

4 뜨개바탕을 뒤집어서 왼쪽의 첫 번째 되돌
아뜨기를 합니다. 그림과 같이 걸기코를 하고,
왼쪽 바늘의 첫째 코를 걸러뜨기 한 다음, 계
속해서 안뜨기로 6코를 뜹니다.

5 걸기코와 그 왼쪽 코의 순서를 바꾸어(오른쪽 그림 '코의 순서를 바꾸는 방법'을 참조)
2코 모아뜨기로 안뜨기를 뜹니다. 계속해서 왼쪽 바늘에 5코를 남기고 안뜨기를 합니다.

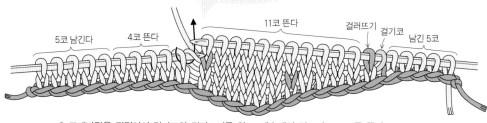

5단 (겉을 보며 뜨는 단)

왼쪽 첫 번째
단 정리입니다.
코 순서는 바꾸지 마세요!

5코 남긴다　4코 뜬다　11코 뜬다　걸러뜨기　걸기코　남긴 5코

6 뜨개바탕을 뒤집어서 걸기코와 걸러뜨기를 하고, 계속해서 겉뜨기로 11코를 뜹니다. 단을 정리할 때는 걸기코와 그 왼쪽 코에 화살표와 같이 바늘을 넣어 2코 모아뜨기를 겉뜨기로 뜹니다.

7 뜬 모습입니다. 왼쪽 바늘에 5코를 남기고 겉뜨기를 합니다.

6단 (안을 보며 뜨는 단)

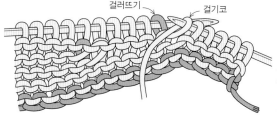
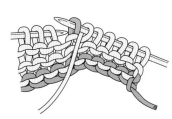

걸러뜨기　걸기코

8 뜨개바탕을 뒤집어서 왼쪽의 두 번째 되돌아뜨기를 합니다. 그림과 같이 실을 걸어 걸기코를 하고,

9 왼쪽 바늘의 첫째 코를 그대로 오른쪽 바늘로 옮깁니다(걸러뜨기). 다음 코부터는 계속해서 안뜨기를 합니다. 단을 정리할 때는 코의 순서를 바꾸어서 2코 모아뜨기를 안뜨기로 뜨고, 계속해서 끝까지 안뜨기를 합니다.

[코의 순서를 바꾸는 방법]
(안쪽에서 한다)

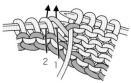

2　1

1 실을 앞에 두고, 1·2의 순서로 오른쪽 바늘에 2코를 옮깁니다.

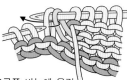

2 오른쪽 바늘에 옮긴 2코에 화살표와 같이 왼쪽 바늘을 넣어 코를 되놀립니다.

3 코의 순서가 바뀌었습니다.

7단

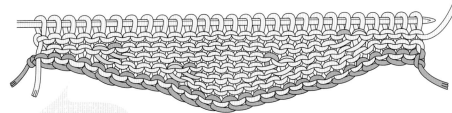

안쪽에서 본
완성 모습

10 왼쪽 두 번째 단 정리도 첫 번째와 같이 진행하고, 계속해서 끝까지 겉뜨기를 합니다(걸기코는 안쪽에 있어 겉에서는 보이지 않습니다).

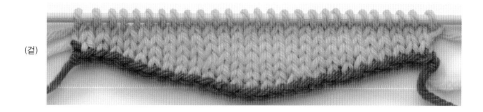

(겉)

(안)

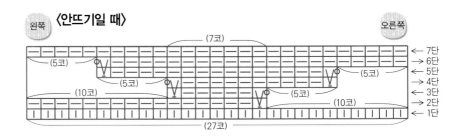

〈안뜨기일 때〉

왼쪽　　　　　　　　　　　　　　　　　　오른쪽

(7코)
(5코)
(5코)
(5코)
(10코)
(5코)
(10코)
(27코)

→ 7단
← 6단
→ 5단
← 4단
→ 3단
← 2단
← 1단

1단 (겉을 보며 뜨는 단)

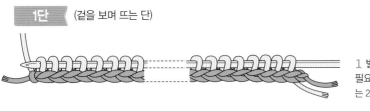

1 별도사슬의 코산에서 필요한 콧수(기호도에서는 27코)를 줍습니다.

주의!

늘려 되돌아뜨기를 할 때는 되돌아 뜬 단의 걸기코와 1단(왼쪽은 두 번째 단)의 코를 2코 모아뜨기로 떠야 선이 완만해집니다. 즉, 되돌아뜨기를 하면서 다른 한편에서는 단을 정리해야 합니다. 또한, 안을 보며 뜨는 단에서 단 정리를 할 때는 걸기코와 그 왼쪽 코의 순서를 반드시 바꾸어야만 합니다.

2단 (안을 보며 뜨는 단)

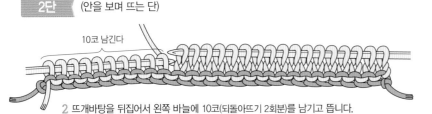

10코 남긴다

2 뜨개바탕을 뒤집어서 왼쪽 바늘에 10코(되돌아뜨기 2회분)를 남기고 뜹니다.

걸기코 대신 단코표시핀을 사용하는 방법도 있습니다. 자세한 내용은 117쪽을 참조하세요.

3단 (겉을 보며 뜨는 단)

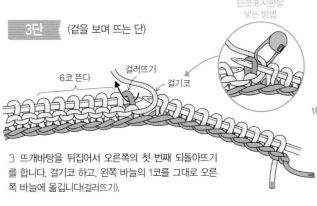

단코표시핀을 넣는 방법

6코 뜬다
걸러뜨기
걸기코

3 뜨개바탕을 뒤집어서 오른쪽의 첫 번째 되돌아뜨기를 합니다. 걸기코 하고, 왼쪽 바늘의 1코를 그대로 오른쪽 바늘에 옮깁니다(걸러뜨기).

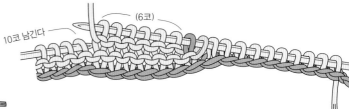

(6코)
10코 남긴다

4 왼쪽 바늘에 10코(되돌아뜨기 2회분)를 남기고 안뜨기를 합니다.

4단 (안을 보며 뜨는 단)

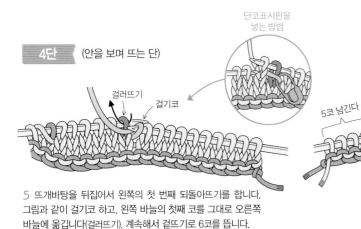

단코표시핀을 넣는 방법

걸러뜨기
걸기코

5 뜨개바탕을 뒤집어서 왼쪽의 첫 번째 되돌아뜨기를 합니다. 그림과 같이 걸기코 하고, 왼쪽 바늘의 첫째 코를 그대로 오른쪽 바늘에 옮깁니다(걸러뜨기). 계속해서 겉뜨기로 6코를 뜹니다.

오른쪽 첫 번째 단 정리입니다. 코의 순서를 바꾸어서 2코 모아뜨기!

5코 남긴다　　4코 남긴다　　6코

6 걸기코와 왼쪽 코의 순서를 바꾸어(오른쪽 '코의 순서를 바꾸는 방법' 참조) 2코 모아뜨기를 겉뜨기로 뜹니다. 이어서 왼쪽 바늘에 5코를 남기고 겉뜨기합니다.

5단 (겉을 보며 뜨는 단)

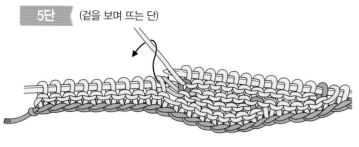

7 뜨개바탕을 뒤집어서 걸기코와 걸러뜨기를 하고(오른쪽 두 번째 되돌아뜨기), 안뜨기로 11코를 뜹니다. 단 정리를 할 때는 걸기코와 그 왼쪽 코에 화살표와 같이 오른쪽 바늘을 넣어 2코 모아뜨기를 안뜨기로 뜹니다.

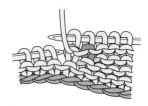

8 뜬 모습입니다. 왼쪽 바늘에 5코를 남기고 안뜨기를 합니다.

6단 (안을 보며 뜨는 단)

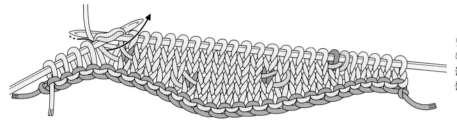

9 뜨개바탕을 뒤집어서 걸기코와 걸러뜨기를 하고(왼쪽의 두 번째 되돌아뜨기), 겉뜨기로 16코를 뜹니다. 단을 정리할 때는 코의 순서를 바꾸어서 2코 모아뜨기를 겉뜨기로 뜹니다. 이어서 끝까지 겉뜨기를 합니다.

7단

겉에서 본 완성 모습.

10 왼쪽 두 번째 단 정리도 첫 번째와 마찬가지로 뜨고, 이어서 끝까지 안뜨기를 합니다(걸기코는 안쪽에 있어 겉에서는 보이지 않습니다).

코의 순서를 바꾸는 방법
(안을 보며 뜨는 단에서 조작한다)

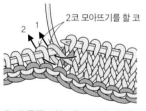

2코 모아뜨기를 할 코

1 오른쪽 바늘에 1·2의 순서로 2코를 옮깁니다.

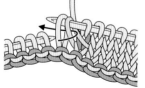

2 옮긴 2코에 화살표와 같이 왼쪽 바늘을 넣어 코를 되돌립니다.

3 코의 순서가 바뀌었습니다.

(겉)

(안)

여러 가지 뜨개코의 코마무리

바늘에 걸린 고를 풀리지 않도록 막으면서 벗겨내는 것을 코마무리(또는 코막음)라고 합니다. 여기에서는 돗바늘로
마무리하는 방법을 알아봅니다. 기본 기법인 '덮어씌우기'에 대해서는 28쪽을 참조하세요.

고무뜨기의 코마무리

신축성이 있고, 고무뜨기가 그대로 이어진 듯이 마무리됩니다. 돗바늘로 코를 뜰 때는 겉뜨기는 겉뜨기끼리, 안뜨기는 안뜨기끼리 떠야 합니다. 코를 마무리하는 실은 뜨개바탕 너비의 2.5~3배 길이로 준비해야 하지만, 너무 길면 다루기 어려우므로 약 40㎝ 정도로 잘라서 사용하고, 도중에 부족해지면 새 실을 이어줍니다. 실을 잡아당길 때는 살짝 느슨한 정도가 좋습니다.

1코 고무뜨기의 코마무리
<왕복뜨기일 때>

● 오른쪽 끝이 겉뜨기 2코·
왼쪽 끝이 겉뜨기 1코일 때

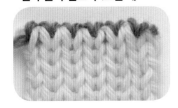

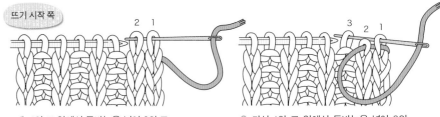

뜨기 시작 쪽

1 1의 코 앞에서 돗바늘을 넣어 2의 코 앞으로 빼냅니다.

2 다시 1의 코 앞에서 돗바늘을 넣어 3의 코 뒤로 빼냅니다.

1코 안에 돗바늘이 2번 지나가요

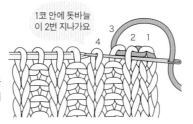

바늘을 넣는 방향에 주의하세요!

3 2의 코 앞에서 돗바늘을 넣어 4의 코 앞으로 빼냅니다(겉뜨기와 겉뜨기).

4 3의 코 뒤에서 돗바늘을 넣어 5의 코 뒤로 빼냅니다(안뜨기와 안뜨기).

뜨기 끝 쪽

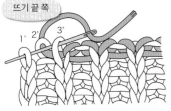

5 왼쪽 끝까지 3~4를 반복합니다.

6 마지막에는 2'의 코 뒤에서 돗바늘을 넣어 1'의 코 앞으로 빼냅니다.

7 완성했습니다.

● 양 끝 모두 겉뜨기 2코일 때

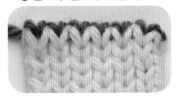

뜨기 시작 쪽은 위의 1~4와 동일합니다.

뜨기 끝 쪽

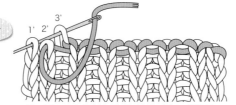

5 3'의 코 뒤에서 돗바늘을 넣어 1'의 코 앞으로 빼냅니다.

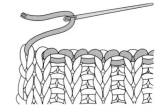

6 실을 빼낸 모습입니다.

⚠ 주의!

1코 고무뜨기 코마무리의 포인트
① 반드시 1코 안에 돗바늘이 2회 지나갑니다.
② 돗바늘을 넣거나 뺄 때 방향이 잘못되지 않도록 주의합니다.

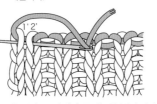

7 2'의 코 앞에서 돗바늘을 넣어 1'의 코 앞으로 빼냅니다(겉뜨기와 겉뜨기).

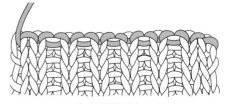

8 완성했습니다.

● 양 끝 모두 겉뜨기 1코일 때

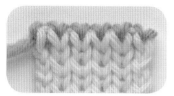

뜨기 끝 쪽은 124쪽 위 5~7과 동일합니다.

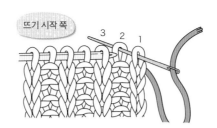

뜨기 시작 쪽

1 가장자리 2코에 앞에서부터 돗바늘을 넣습니다.

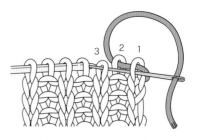

2 1의 코 앞에서 돗바늘을 넣어 3의 코 앞으로 빼냅니다(겉뜨기와 겉뜨기).

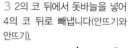

3 2의 코 뒤에서 돗바늘을 넣어 4의 코 뒤로 빼냅니다(안뜨기와 안뜨기).

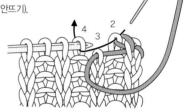

<원형뜨기일 때>

양 끝 겉뜨기 콧수는 작품에 따라 다릅니다. 작품을 뜰 때마다 여기에 나온 패턴을 참조하여 코를 막으세요.

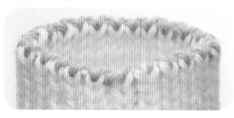

뜨기 시작 쪽

1 1의 코(최초의 겉뜨기) 뒤에서 돗바늘을 넣어 2의 코 뒤로 빼냅니다.

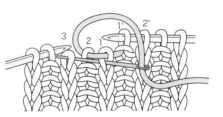

2 1의 코 앞에서 돗바늘을 넣어 3의 코 앞으로 빼냅니다.

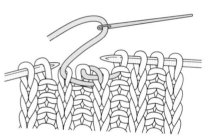

3 실을 빼낸 모습입니다.

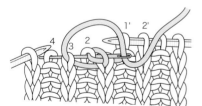

4 2의 코의 뒤에서 돗바늘을 넣어 4의 코 뒤로 빼냅니다(안뜨기와 안뜨기).

5 3의 코 앞에서 돗바늘을 넣어 5의 코 앞으로 빼냅니다(겉뜨기와 겉뜨기). 4~5를 반복합니다.

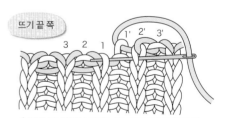

뜨기 끝 쪽

6 2′의 코 앞에서 돗바늘을 넣어 1의 코(최초의 겉뜨기) 앞으로 빼냅니다(겉뜨기와 겉뜨기).

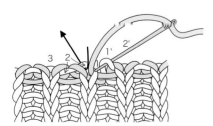

7 1′의 코(안뜨기) 뒤에서 돗바늘을 넣어 2의 코(최초의 안뜨기) 뒤로 빼냅니다.

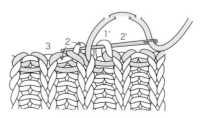

8 1′과 2의 코에 돗바늘을 넣은 모습입니다. 1과 2에는 돗바늘을 3회 넣습니다.

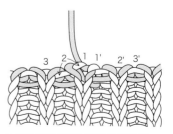

9 실을 당기면 코마무리가 완성됩니다.

2코 고무뜨기의 코마무리
<왕복뜨기일 때>

● **양 끝 모두 겉뜨기 2코일 때**

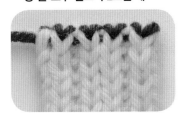

뜨기 시작 쪽

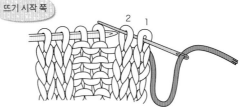

1 1의 코 앞에서 돗바늘을 넣어 2의 코 앞으로 빼냅니다.

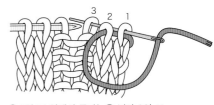

2 1의 코 앞에서 돗바늘을 넣어 3의 코 뒤로 빼냅니다.

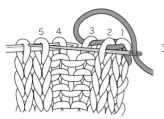

3 2의 코 앞에서 돗바늘을 넣어 5의 코 앞으로 빼냅니다 (겉뜨기와 겉뜨기).

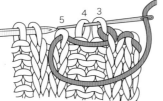

4 3의 코 뒤에서 돗바늘을 넣어 4의 코 뒤로 빼냅니다 (안뜨기와 안뜨기).

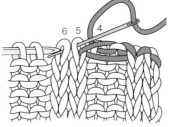

5 5의 코 앞에서 돗바늘을 넣어 6의 코 앞으로 빼냅니다 (겉뜨기와 겉뜨기).

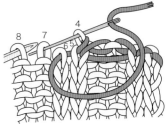

6 4의 코 뒤에서 돗바늘을 넣어 7의 코 뒤로 빼냅니다 (안뜨기와 안뜨기). 3~6을 반복합니다.

뜨기 끝 쪽

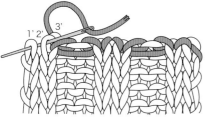

7 2'의 코 앞에서 돗바늘을 넣어 1'의 코 앞으로 빼냅니다.

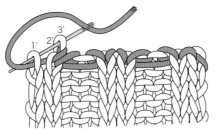

8 3'의 코 뒤에서 돗바늘을 넣어 1'의 코 앞으로 빼냅니다.

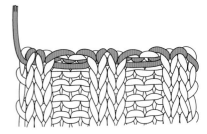

9 완성했습니다.

● **오른쪽 끝이 겉뜨기 3코 · 왼쪽 끝이 겉뜨기 2코일 때**

뜨기 끝 쪽은 위의 7~9와 동일합니다.

뜨기 시작 쪽

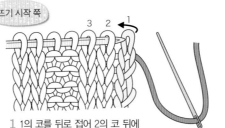

1 1의 코를 뒤로 접어 2의 코 뒤에 겹칩니다.

2 겹쳐진 2코에 앞에서부터 돗바늘을 넣어 3의 코 앞으로 빼냅니다.

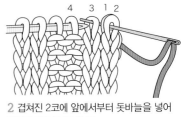

3 겹쳐진 2코 앞에서 바늘을 넣어 4의 코 뒤로 빼냅니다. 이후 과정은 위의 3~6과 동일합니다.

● 오른쪽 끝이 겉뜨기 2코·
왼쪽 끝이 겉뜨기 3코일 때

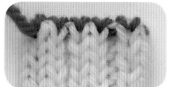

뜨기 시작 쪽은 126쪽 1~6과 동일합니다.

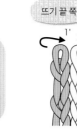

뜨기 끝 쪽

7 4'의 코 뒤로 실을 빼고, 1'의 코를 접어서 2'의 코 뒤로 겹칩니다.

8 3'의 코 앞에서 돗바늘을 넣어 겹쳐진 2코의 앞으로 빼냅니다.

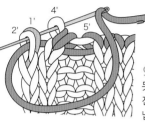

9 4'의 코 뒤에서 돗바늘을 넣어 겹쳐진 2코의 앞으로 빼냅니다.

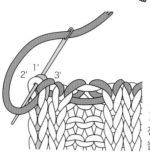

10 다시 한 번 겹쳐진 2코 뒤에서 돗바늘을 넣습니다.

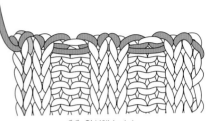

11 완성했습니다.

<원형뜨기일 때>

뜨기 시작 쪽

1 1의 코(최초의 겉뜨기) 뒤에서 돗바늘을 넣습니다.

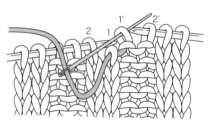

2 1'의 코(뜨기 끝 쪽의 안뜨기) 앞에서 돗바늘을 넣습니다.

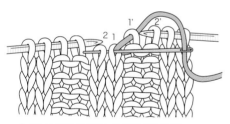

3 1의 코 앞에서 돗바늘을 넣어 2의 코 앞으로 빼냅니다(겉뜨기와 겉뜨기).

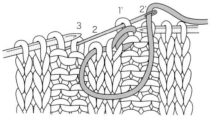

4 1'의 코 뒤에서 돗바늘을 넣어 3의 코 뒤로 빼냅니다(안뜨기와 안뜨기).

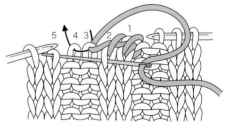

5 2의 코 앞에서 돗바늘을 넣어 5의 코 앞으로 빼냅니다(겉뜨기와 겉뜨기). 이후에는 126쪽 위의 3~6을 반복합니다.

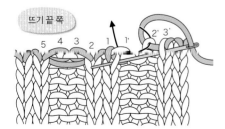

뜨기 끝 쪽

6 뜨기 끝 쪽에서는 3'의 코 앞에서 돗바늘을 넣어 1의 코(최초의 겉뜨기) 앞으로 빼냅니다. 2'의 코 뒤에서 돗바늘을 넣어 1'의 코 뒤로 빼냅니다(안뜨기와 안뜨기).

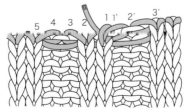

7 실을 빼내면 완성됩니다.

♥ 주의!

2코 고무뜨기 코마무리의 포인트
① 반드시 1코 안에 돗바늘이 2회 지나갑니다.
② 겉뜨기끼리, 안뜨기끼리 바늘을 넣습니다. 이웃한 코일 때와 떨어진 코일 때가 있으니 주의합니다. 규칙적이므로 익숙해지면 쉽게 할 수 있습니다.

이럴 때는?

고무뜨기의 코마무리 도중에 실을 어떻게 이어야 할까요?

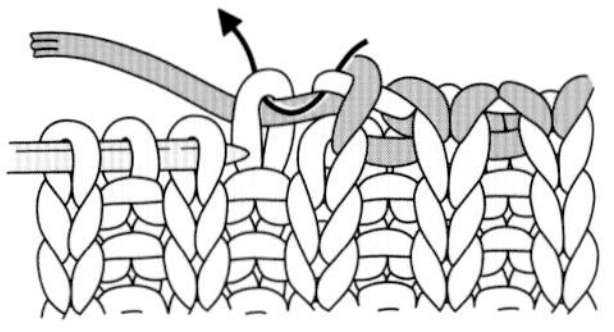

1 안뜨기와 안뜨기에 돗바늘을 넣어 뒤로 빼낸 모습입니다.

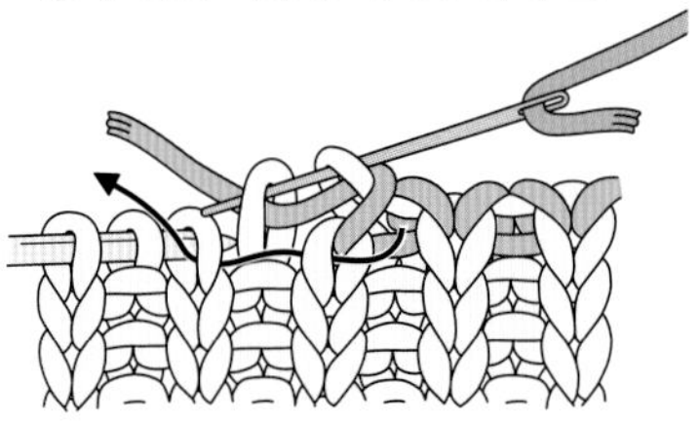

2 새 실로 1과 똑같은 코에 돗바늘을 넣고(실이 겹칩니다), 이어서 겉뜨기와 겉뜨기에 돗바늘을 넣습니다.

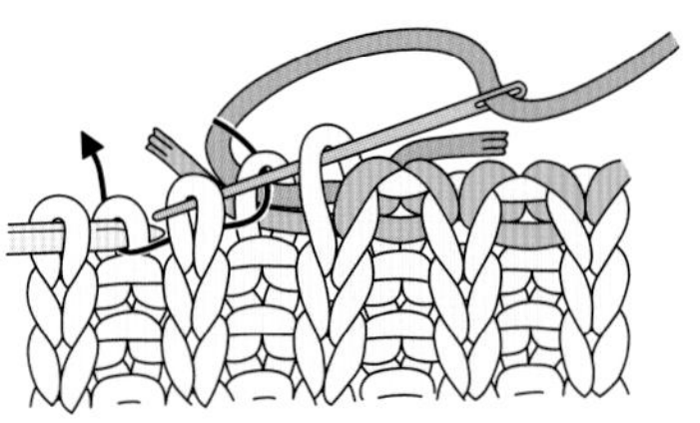

3 안뜨기끼리, 겉뜨기끼리 교대로 돗바늘을 넣어가며 코를 마무리합니다.

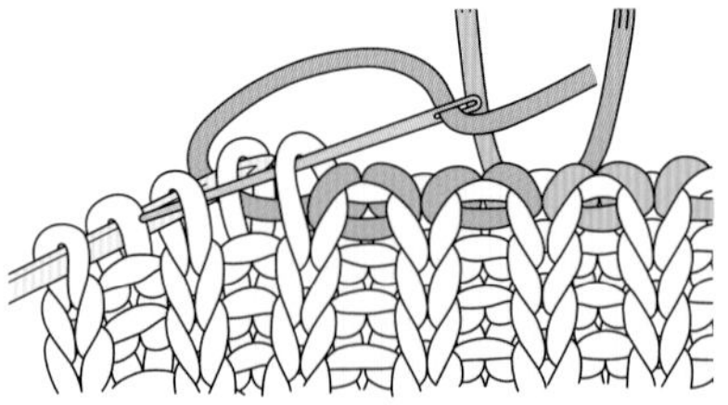

4 고무뜨기의 코마무리를 계속해나갑니다.

실 정리

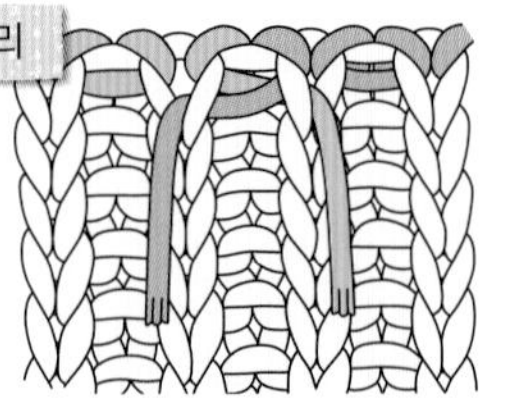

5 뜨개바탕의 안쪽입니다.

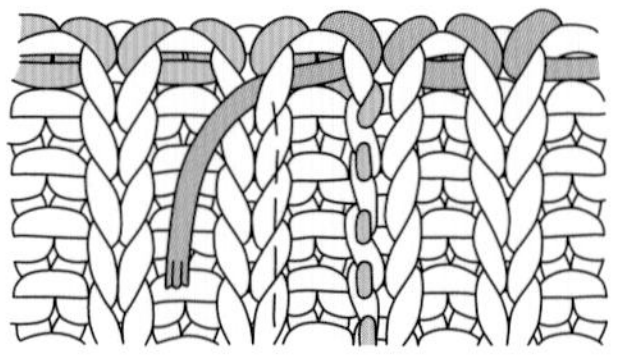

6 각각의 실 끝을 돗바늘에 꿰어 세로 방향 반코를 갈라가며 정리합니다.

(겉)

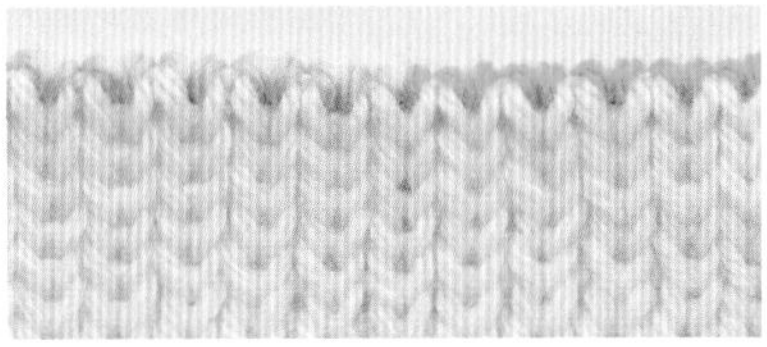

(안)

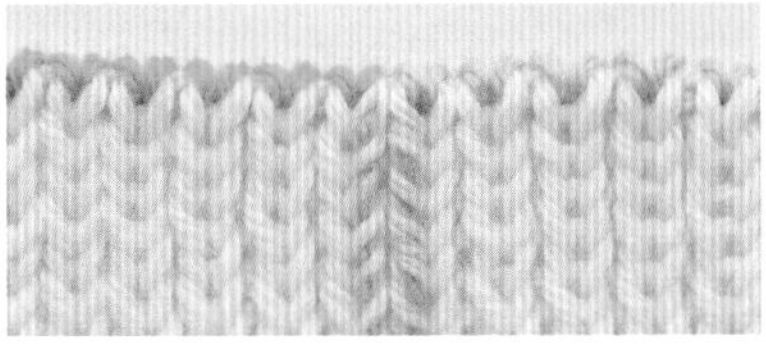

정리하는 실이 겉에서 보이지 않도록 주의하세요!

휘감아 코마무리

신축성이 있고 얇게 마무리된다는 장점이 있습니다. 마무리하는 실은 뜨개바탕 너비의 약 2.5배 길이로 준비합니다.

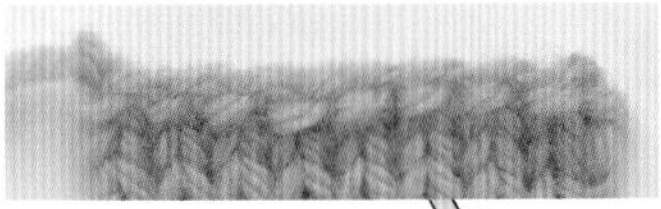

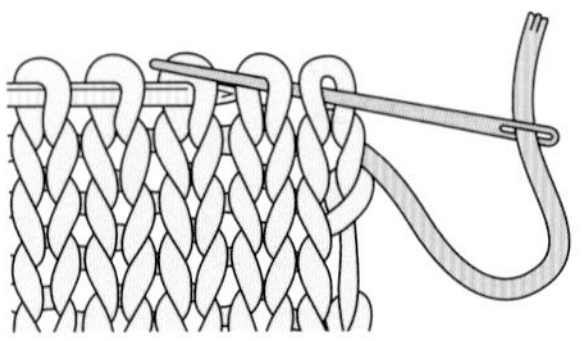

1 가장자리 2코에 그림과 같이 돗바늘을 넣어 실을 빼냅니다.

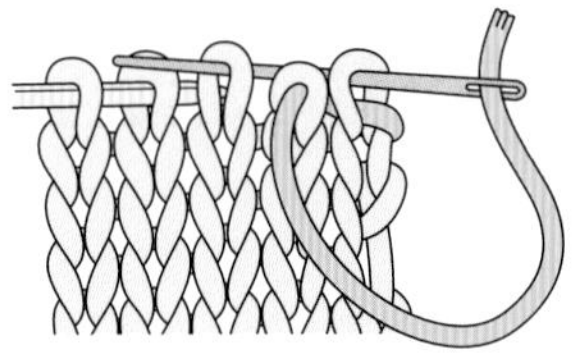

2 가장자리 코와 1코 건너뛴 세 번째 코에 돗바늘을 넣고 실을 빼냅니다.

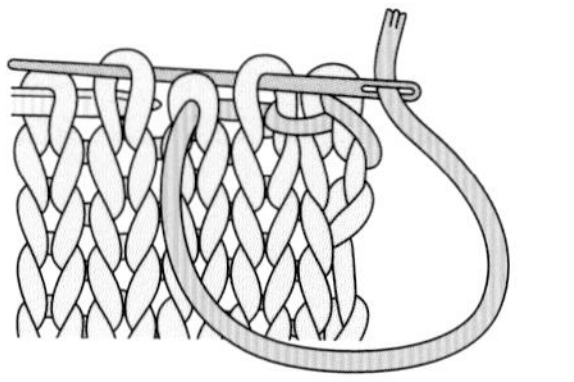

3 '1코 뒤 코에 앞쪽에서 돗바늘을 넣어 1코 건너뛴 코 앞쪽으로 빼내기'를 반복합니다.

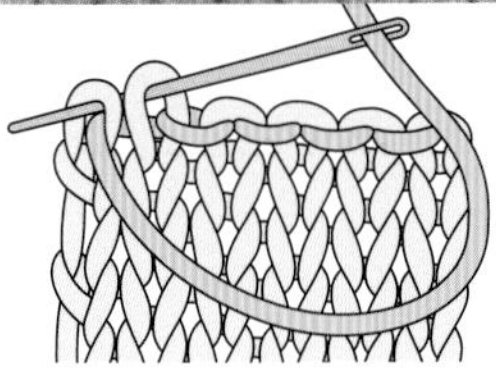

4 어느 코든 돗바늘이 2회씩 지나가게 됩니다.

조여서 코마무리

모자의 정수리나 장갑의 손가락 등 원형으로 뜬 코를 막을 때 사용하는 방법입니다.

〈콧수가 적을 때〉
모든 코에 실을 꿰어 한 번에 조입니다.

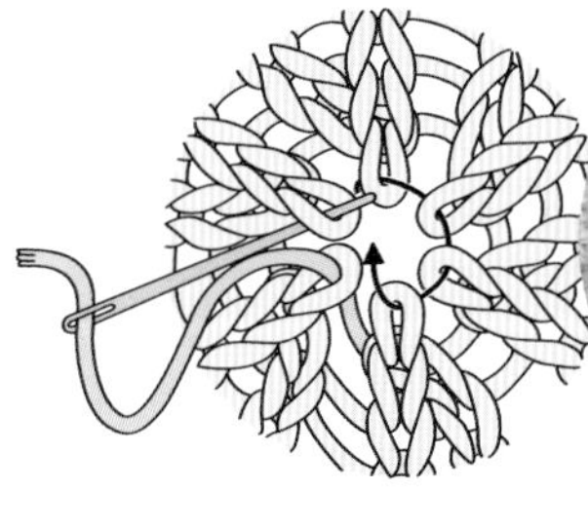

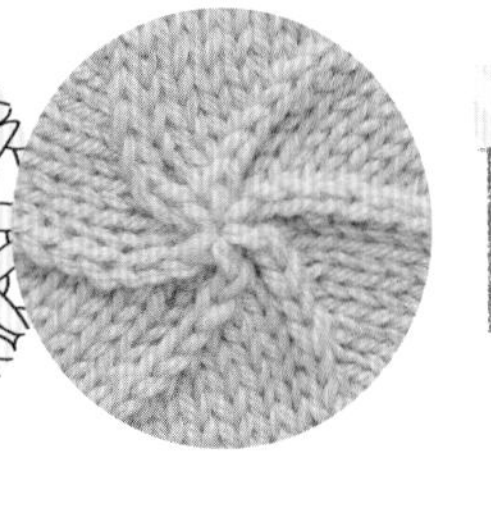

주의!

코를 꿸 때 코의 방향이 일정해야 합니다.

〈콧수가 많을 때〉
1코씩 건너뛰며 2회에 걸쳐 실을 꿰닙니다.

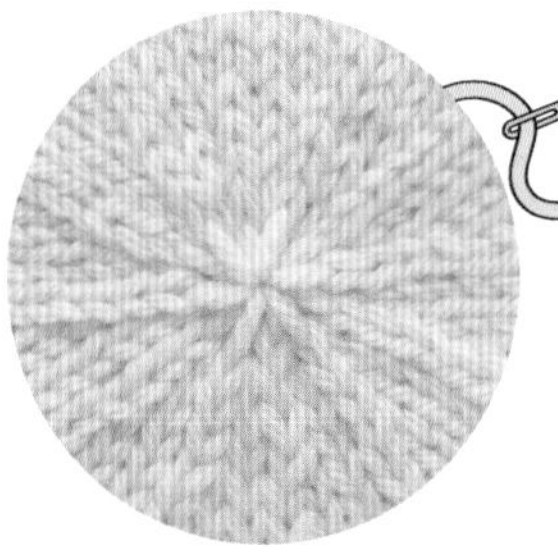

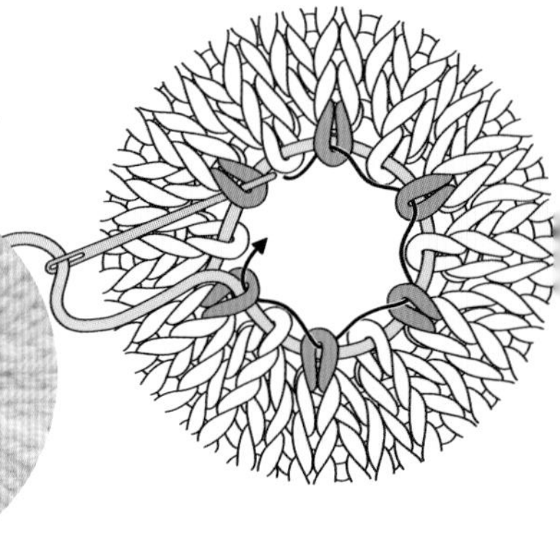

잇는 방법

코와 코를 연결해서 뜨개바탕을 하나로 이어 붙이는 것을 '잇기'라고 합니다. 돗바늘, 코바늘, 대바늘로
잇는 방법이 있습니다. 돗바늘을 사용할 때는 뜨개바탕 너비의 약 2.5~3배 길이로 실을 준비해야 합니다.

돗바늘을 사용하는 방법

잇는 실로 코를 만들기 때문에 뜨개바탕과 코의 크기가 같아지도록 실을 당겨야 합니다.
돗바늘이 1코에 2회씩 들어갑니다.

메리야스 잇기

● **양쪽 모두 코가 남아 있을 때**

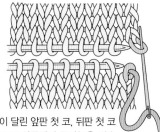

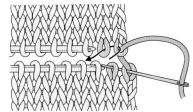

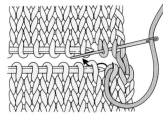

1 실 끝이 달린 앞판 첫 코, 뒤판 첫 코의 순서로 코 안쪽에서 돗바늘을 넣습니다.

2 앞판 2코, 뒤판 2코에 화살표와 같이 돗바늘을 넣습니다.

3 다시 앞판 2코에 화살표와 같이 돗바늘을 넣습니다.

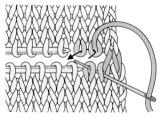

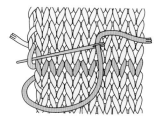

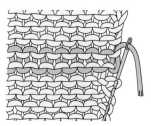

4 이어서 뒤판 2코에 바늘을 넣습니다. 2~4를 반복합니다.

5 마지막에는 뒤판 코에 앞에서부터 돗바늘을 넣습니다. 뜨개바탕의 가장자리는 반 코 어긋납니다.

6 실 끝을 정리합니다. 가장자리 코의 실을 갈라가며 실 끝을 넣습니다.

● **한쪽이 덮어씌우기로 코가 막혀 있을 때**

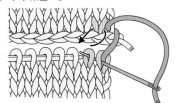

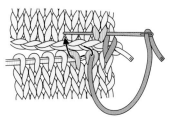

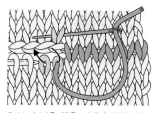

1 코가 남은 쪽의 가장자리 코에 안쪽에서부터 바늘을 넣은 다음, 덮어씌우기 쪽 가장자리의 반코를 뜹니다. 코가 남은 쪽의 2코와 덮어씌우기 쪽 2코에 화살표와 같이 돗바늘을 넣습니다.

2 코가 남은 쪽에 마찬가지로 돗바늘을 넣습니다.

3 '코가 남은 쪽은 겉에서 넣어 겉으로 빼고, 덮어씌우기 쪽은 V자 모양을 뜨기'를 반복합니다.

● **양쪽 모두 덮어씌우기로 코가 막혀 있을 때**

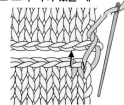

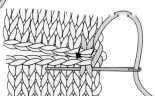

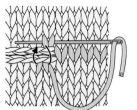

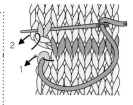

1 실 끝이 없는 앞판 가장자리 코, 뒤판 가장자리 코 순서로 안쪽에서부터 돗바늘을 넣습니다.

2 앞판 코에 돗바늘을 넣은 다음, 뒤판 코에도 화살표와 같이 돗바늘을 넣습니다.

3 '앞판은 八자, 뒤판은 V자를 뜨기'를 반복합니다.

4 마지막에는 화살표와 같이 앞판 코와 덮어씌우기 쪽 코의 반코 바깥쪽에 돗바늘을 넣어 끝냅니다.

● 콧수가 다른 뜨개바탕을 이을 때

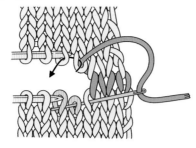
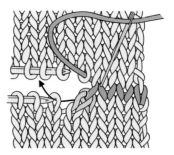
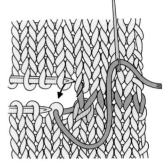

1 콧수가 많을 때는 많은 쪽의 2코를 1코로 쳐서 돗바늘을 넣습니다.

2 겹쳐진 2코에 돗바늘을 넣어 왼쪽 코로 빼냅니다.

3 뒤판 2코에 바늘을 넣습니다.

● 메리야스뜨기와 안메리야스뜨기를 이을 때

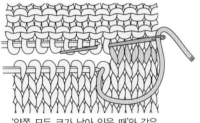

'양쪽 모두 코가 남아 있을 때'와 같은 방법으로 잇습니다.

● 메리야스뜨기와 1코 고무뜨기를 이을 때

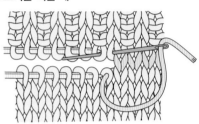

'양쪽 모두 코가 남아 있을 때'와 같은 방법으로 잇습니다.

안메리야스 잇기

● 양쪽 모두 코가
남아 있을 때

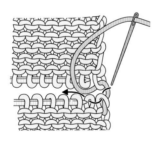
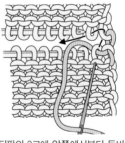
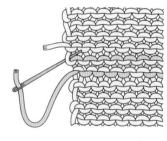

1 실 끝이 있는 앞판 가장자리 코, 뒤판 가장자리 코의 순서로 겉에서 돗바늘을 넣습니다. 이어서 앞판 코에 화살표와 같이 돗바늘을 넣습니다.

2 뒤판의 2코에 안쪽에서부터 돗바늘을 넣어 안쪽으로 빼냅니다. 1~2를 반복합니다.

3 마지막 코에도 돗바늘을 2회 넣습니다. 뜨개바탕의 가장자리는 반코 어긋납니다.

● 한쪽이 덮어씌우기로
코가 막혀 있을 때

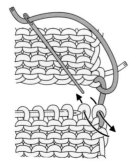
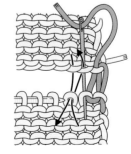

1 앞판 가장자리 코, 덮어씌우기를 한 뒤판 가장자리 코의 겉에서부터 돗바늘을 넣습니다. 이어서 앞판 2코에 화살표와 같이 돗바늘을 넣습니다.

2 가장자리 코 안쪽에서부터 돗바늘을 넣어 실을 당기고, 덮어씌우기를 한 뒤판의 코와 앞판의 코에 돗바늘을 넣습니다. 화살표를 참조하여 이 과정을 반복합니다.

가터 잇기

● 한쪽이 겉뜨기, 다른 한쪽이 안뜨기일 때

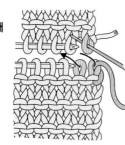

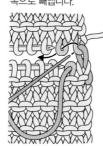

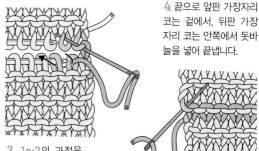

2 뒤판 코는 안쪽에서 돗바늘을 넣어 안쪽으로 빼냅니다.

4 끝으로 앞판 가장자리 코는 겉에서, 뒤판 가장자리 코는 안쪽에서 돗바늘을 넣어 끝냅니다.

1 앞판 가장자리 코의 안쪽에서, 뒤판 가장자리 코의 겉에서 돗바늘을 넣습니다. 이어서 앞판 코의 겉에서 돗바늘을 넣어 겉으로 빼냅니다.

3 1~2의 과정을 반복합니다.

코와 단 잇기

한쪽은 코, 다른 한쪽은 단일 때도 '잇기'라고 부릅니다. 소매나 옷깃을 달 때도 이 방법을 사용합니다. 잇는 실은 보이지 않을 정도로 당겨야 합니다. ※ 사진에서는 알아보기 쉽도록 잇는 실을 당기지 않았습니다.

● 메리야스뜨기일 때

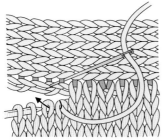

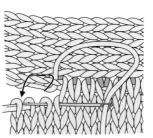

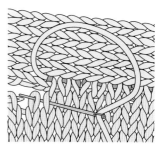

1 뒤쪽 단은 1단을 뜨고, 앞쪽 코는 2코에 돗바늘을 넣습니다.

2 단수가 더 많을 때는 중간중간 2단을 떠서 너비를 조정합니다.

3 단과 코에 번갈아가며 돗바늘을 넣습니다. 잇는 실은 보이지 않게 당깁니다.

● 안메리야스뜨기일 때

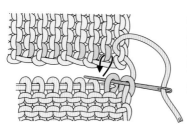

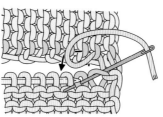

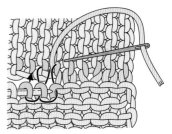

1 코는 안메리야스 잇기와 마찬가지로 안쪽에서 돗바늘을 넣어 안쪽으로 빼냅니다. 단은 1코 안쪽의 가로 실을 1단 뜹니다.

2 코는 안쪽에서 돗바늘을 넣어 안쪽으로 빼냅니다. 단이 많을 때는 중간중간 2단을 떠서 너비를 조정합니다.

3 단과 코를 번갈아가며 뜹니다. 잇는 실은 보이지 않을 정도로 당깁니다.

● 덮어씌우기를 한 코와 단을 이을 때

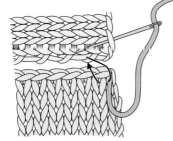

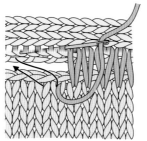

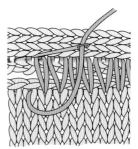

1 덮어씌우기한 쪽을 앞에 두고. 단의 기초코와 앞판의 코에 그림과 같이 돗바늘을 넣습니다. 단은 싱커 루프를 뜹니다.

2 단 쪽이 많을 때는 중간중간 2단을 떠서 너비를 조정합니다.

3 코와 단에 번갈아가며 돗바늘을 넣습니다. 잇는 실은 보이지 않을 정도로 당깁니다.

● **뜨기 시작 쪽과 뜨기 끝 쪽을 이을 때**   1코 고무뜨기는 이음새가 눈에 띄지 않을 정도로 깔끔하게 마무리됩니다.
별도사슬을 풀지 않은 채로 잇기 때문에 실을 조금 세게 당겨야 합니다.

별도사슬을 푼 모습

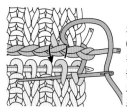

1 실 끝이 있는 앞판
의 가장자리 코 안쪽
에서 돗바늘을 넣어
뒤판 가장자리 코를
뜹니다. 이어서 앞판
코를 뜨고 나서 화살
표와 같이,

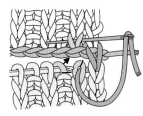

2 뒤판 겉뜨기코에
바늘을 넣습니다. 앞
판 겉뜨기코와 안뜨
기코에 화살표와 같
이 바늘을 넣습니다.

3 뒤판 안뜨기코를
뜹니다.

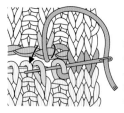

4 앞판 안뜨기코
와 겉뜨기코에 안
쪽에서부터 돗바늘
을 넣어 겉쪽으로
빼냅니다. 2~4를
반복합니다.

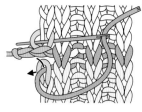

5 가장자리 코에도 그
림과 같이 돗바늘을 넣
습니다. 별도사슬을 풀
어냅니다.

휘감아 잇기(감침질로 잇기)

쉽게 잇는 방법입니다. 반코(실 한 가닥)를 휘감기도 하고
1코(실 두 가닥)를 휘감기도 합니다.

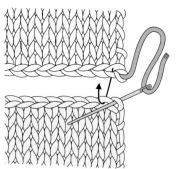

1 실 끝이 있는 쪽을 뒤에 둡니다. 앞판
의 사슬 반코에 돗바늘을 넣습니다.

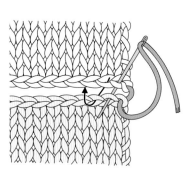

2 앞판과 뒤판의 사슬 바깥쪽 반코
에 뒤쪽에서부터 앞쪽으로 돗바늘
을 넣어 실을 당깁니다.

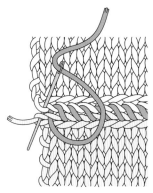

3 2를 반복하고, 마지막에도 뒤쪽에
서 앞쪽으로 돗바늘을 넣어 끝냅니다.

코바늘을 사용하는 방법

빼뜨기 잇기   주로 어깨선을 이을 때 사용합니다. 코와 코를 줍기 때문에 초보자도
쉽게 할 수 있습니다.

빼낸 코가
뜨개바탕의 코 크기와
똑같아야 합니다.

● **콧수가 똑같을 때**

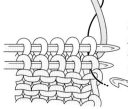

1 2장의 뜨개바탕을 겉
끼리 맞대어 놓고 왼손
으로 잡습니다. 양쪽 가
장자리 코에 코바늘을
넣습니다.

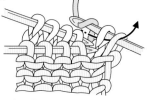

2 실을 걸어 2코 안으로 한 번
에 빼냅니다.

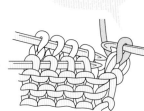

3 빼낸 모습입니다.

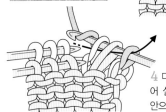

4 다음 코에도 코바늘을 넣
어 실을 걸고, 이번에는 3코
안으로 한 번에 빼냅니다.

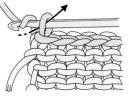

5 4를 반복하고, 마지막
코로 빼냅니다.

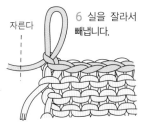

자른다

6 실을 잘라서
빼냅니다.

● 콧수가 다를 때

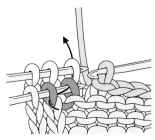

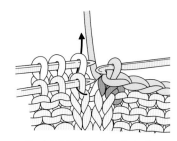

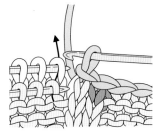

1 앞판 2코와 뒤판 1코에 코바늘을 넣고, 실을 걸어 4코 안으로 한 번에 빼냅니다.

2 이어서 앞판 1코와 뒤판 1코에 코바늘을 넣고, 실을 걸어 3코 안으로 한 번에 빼냅니다.

3 '앞판의 코와 뒤판의 코에 코바늘을 넣고 실을 걸어 한 번에 빼내기'를 반복합니다.

덮어씌워서 잇기 어깨선 등을 이을 때 사용합니다. 신축성이 있습니다.

● 코바늘을 사용할 때

1 2장의 뜨개바탕을 겉끼리 맞대어 놓고, 양쪽 가장자리 코에 코바늘을 넣어 뒤판 코를 앞판 코 안으로 빼냅니다.

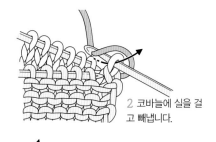

2 코바늘에 실을 걸고 빼냅니다.

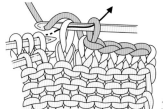

3 1~2를 반복합니다.

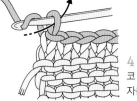

4 마지막에는 코바늘에 남은 코 안으로 실을 빼내고, 실을 자릅니다.

● 대바늘을 사용할 때

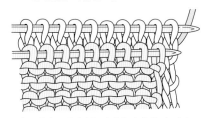

1 2장의 뜨개바탕을 겉끼리 맞대어놓습니다.

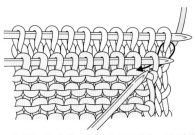

2 별도의 대바늘(양면 바늘)로 뒤판 코를 앞판 코 안으로 빼냅니다.

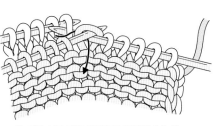

3 다음 코도 같은 방법으로 반복합니다. 이렇게 하면 뒤판 코만 남습니다.

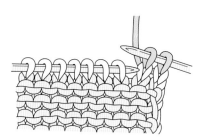

4 가장자리에 남아 있는 실로 덮어씌우기를 합니다. 가장자리 2코를 겉뜨기로 뜹니다.

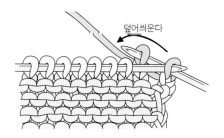

5 왼쪽 바늘의 끝을 사용해서 오른쪽 코를 덮어씌웁니다.

덮어씌운다

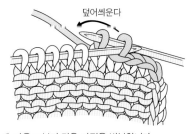

6 다음 코부터 같은 과정을 반복합니다.

덮어씌운다

133

꿰매는 방법

뜨개바탕의 단과 단을 꿰매어 연결하는 것을 '꿰매기'라고 합니다. 주로 옆선이나 소매 아래선 등에 사용합니다. 겉이 위로 오도록 놓고, 뜨개바탕의 가로로 걸쳐진 싱커 루프를 돗바늘로 뜬 다음에 실을 당깁니다. 꿰매는 실이 40㎝보다 길면 다루기가 어려워집니다.

떠서 꿰매기

메리야스뜨기

● **직선일 때**

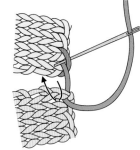

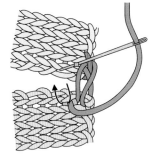

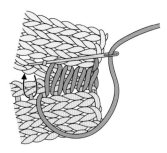

1 앞판과 뒤판 모두 돗바늘로 기초 코의 실을 뜹니다.

2 가장자리 1코 안쪽의 싱커 루프를 1단씩 교대로 뜬 다음, 실을 당깁니다.

3 '싱커 루프를 뜨고, 돗바늘의 실 당기기'를 반복합니다. 꿰매는 실은 보이지 않을 정도로 당깁니다.

● **늘린 코가 있을 때**

1 늘린 코(돌려뜨기)의 교차 부분 아래에서 돗바늘을 넣습니다.

2 반대쪽 늘린 코의 교차 부분에도 아래에서부터 돗바늘을 넣습니다.

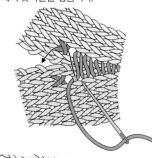

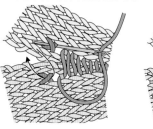

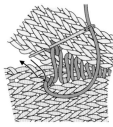

3 이어서 늘린 코의 교차 부분과 다음 단 가장자리 1코 안쪽에 있는 싱커 루프를 한 번에 뜹니다 (반대쪽도 마찬가지).

● **줄인 코가 있을 때**

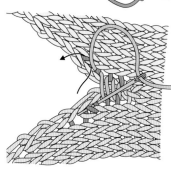

1 코를 줄인 부분은 가장자리 1코 안쪽의 싱커 루프와 코를 줄여서 겹쳐진 아래쪽 코 중심에 돗바늘을 넣습니다(반대쪽도 마찬가지).

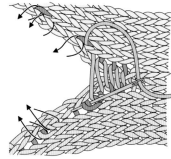

2 이어서 코를 줄인 부분과 단의 가장자리 1코 안쪽 싱커 루프를 한 번에 뜹니다(반대쪽도 마찬가지).

(반코 안쪽을 떠서 꿰매기)

뜨개바탕의 가장자리가 깔끔하게 떠져 있을 때 알맞은 방법입니다. 얇게 마무리되므로 굵은 실로 뜬 뜨개바탕에 적합합니다.

● **직선일 때**

1 앞판과 뒤판 모두 기초코의 실을 뜹니다.

2 가장자리 코의 가로 실과 바깥쪽 반코끼리 뜹니다.

3 꿰맨 실을 너무 당겨서 이음매가 주름지지 않도록 합니다. 꿰맨 실은 보이지 않을 정도로만 당깁니다.

가터뜨기

● **직선일 때**

1단 걸러서 꿰매기

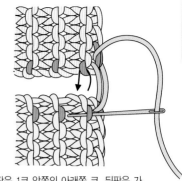

1 앞판 기초코의 실을 뜹니다.

2 뒤판 기초코의 실을 뜹니다.

3 앞판은 1코 안쪽의 아래쪽 코, 뒤판은 가장자리의 위쪽 코를 1단 걸러 1단씩 뜹니다.

주의!

떠서 꿰맬 때는 꿰매는 실이 보이지 않을 정도로만 당겨야 합니다. 실을 당길 때는 더 땔려오지 않는 느낌이 들 때까지 천천히 당깁니다.

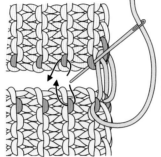

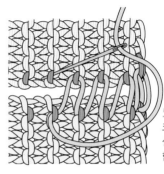

4 1코 안쪽의 아래쪽 코(싱커 루프)와 가장자리 위쪽 코(니들 루프)를 교대로 뜹니다.

5 '1단 걸러 1단씩 코를 뜨고, 꿰매는 실 당기기'를 반복합니다.

1단마다 꿰매기

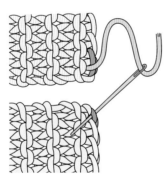

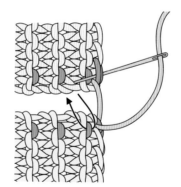

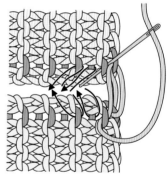

1 앞판 기초코의 실을 뜹니다.

2 뒤판 기초코의 실을 뜨고, 앞판 가장자리 1코 안쪽의 싱커 루프를 뜹니다.

3 각 단의 겉뜨기코, 안뜨기코 모두 가장자리 1코 안쪽의 싱커 루프를 떠서 꿰맵니다.

● **늘린 코가 있을 때**

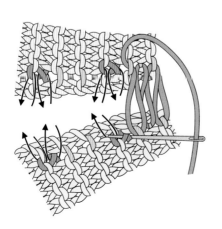

늘린 코(돌려뜨기)의 교차 부분 아래쪽으로 돗바늘을 넣어 뜹니다. 다음 단은 늘린 코의 교차부분에 한 번 더 돗바늘을 넣은 다음, 가장자리 1코 안쪽의 싱커 루프를 같이 뜹니다.

● **줄인 코가 있을 때**

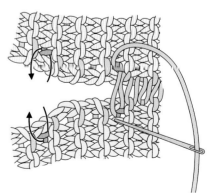

코를 줄여서 겹쳐진 아래쪽 코와 다음 단의 싱커 루프를 같이 뜹니다.

135

1코 고무뜨기

● **뜨기 시작 쪽에서 꿰맬 때**
〈1코 고무뜨기의 기초코로 뜨기 시작했을 때〉

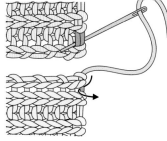

1 뒤판과 앞판의 뜨기 시작 쪽 가장자리 1코 안쪽 싱커 루프를 뜹니다.

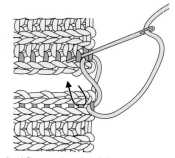

2 다음 코부터는 가장자리 1코 안쪽의 싱커 루프를 1단씩 교대로 뜹니다.

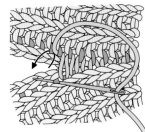

3 '싱커 루프를 뜨고, 실 당기기'를 반복합니다.

● **뜨기 끝 쪽에서 꿰맬 때**
〈1코 고무뜨기의 코마무리일 때〉

1 뒤판과 앞판의 가장자리 1코 안쪽 실을 뜹니다.

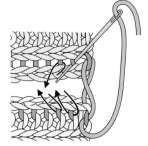

2 다음부터는 가장자리 1코 안쪽의 싱커 루프를 1단씩 교대로 뜹니다.

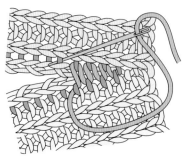

3 '싱커 루프를 뜨고, 실 당기기'를 반복합니다.

● **도중부터 뜨개바탕의 방향이 바뀔 때**
〈경계에 늘린 코나 줄인 코가 없을 때〉

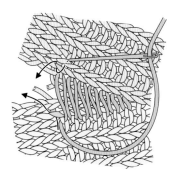

경계까지 뜨고 나면 앞판은 반코 바깥쪽, 뒤판은 반코 안쪽으로 자리를 옮겨 다음 코의 가장자리 1코 안쪽 싱커 루프를 뜹니다.

〈가장자리에서 고무뜨기가 1코 줄었을 때〉

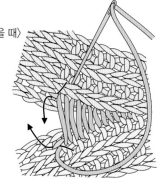

경계까지 뜨고 나면, 반코 바깥쪽으로 자리를 옮겨 다음 가장자리 1코 안쪽의 싱커 루프를 뜹니다.

(반코 안쪽을 떠서 꿰매기)

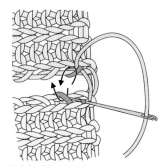

1 앞판과 뒤판 모두 기초코의 실을 뜹니다.

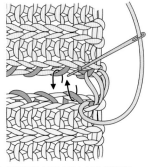

2 가장자리 코의 가로 실과 바깥쪽 반코를 뜹니다.

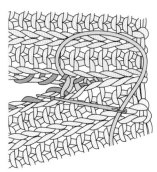

3 꿰매는 실이 보이지 않을 정도로만 천천히 당깁니다.

2코 고무뜨기

● **뜨기 시작 쪽에서 꿰맬 때** 〈2코 고무뜨기의 기초코로 뜨기 시작했을 때〉

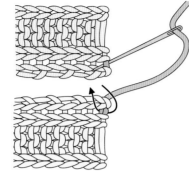

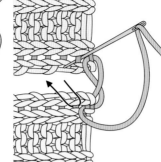

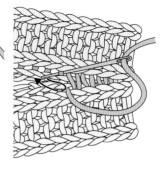

1 뒤판과 앞판의 뜨기 시작 쪽 가장자리 1코 안쪽의 싱커 루프를 뜹니다.

2 다음부터는 가장자리 1코 안쪽의 싱커 루프를 1단씩 교대로 뜹니다.

3 '싱커 루프를 뜨고, 꿰매는 실 당기기'를 반복합니다.

● **뜨기 끝 쪽에서 꿰맬 때** 〈2코 고무뜨기의 코마무리인 경우〉

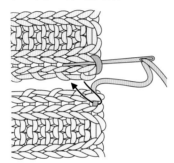

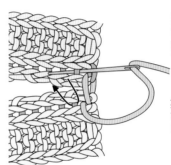

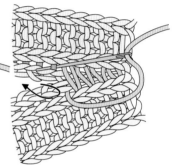

1 고무뜨기 코마무리 쪽 실을 뜬 다음, 뒤판과 앞판의 고무뜨기 코마무리 가장자리 1코 안쪽 싱커 루프를 뜹니다.

2 뒤판과 앞판 모두 가장자리 1코 안쪽의 싱커 루프를 한 가닥씩 교대로 뜹니다.

3 '싱커 루프를 뜨고, 꿰매는 실 당기기'를 반복합니다.

● **도중부터 뜨개바탕의 방향이 바뀔 때**
〈경계 부분에 늘린 코나 줄인 코가 없을 때〉

〈가장자리에서 고무뜨기가 1코 줄어들 때〉

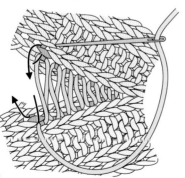

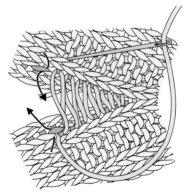

가장자리 1코 안쪽의 싱커 루프를 한 가닥씩 교대로 뜨고, 경계 부분에서는 앞판 반코 바깥쪽, 뒤판 반코 안쪽으로 자리를 옮겨서 다음 가장자리 1코 안쪽의 싱커 루프를 뜹니다.

가장자리 1코 안쪽의 싱커 루프를 한 가닥씩 교대로 뜨고, 경계 부분에서는 화살표와 같이 반코씩 바깥쪽으로 자리를 옮겨서 다음 가장자리 1코 안쪽의 싱커 루프를 뜹니다.

┌─ 돗바늘을 사용할 때는 실을 짧게 ─┐
돗바늘을 사용할 때 꿰매는 실이 너무 길면 당기기도 불편하고, 몇 번이고 코를 지나면서 보풀이 생길 수도 있습니다. 실은 40~45cm보다 길면 불편하고, 꿰매는 도중에 실이 부족해지면 새 실을 이어줍니다.

안메리야스뜨기

● **직선일 때**

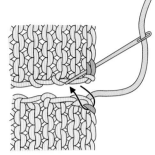

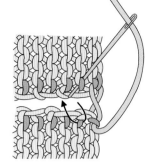

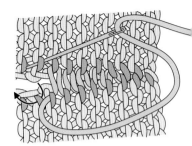

1 앞판과 뒤판 모두 돗바늘로 기초코의 실을 뜹니다.

2 가장자리 1코 안쪽의 싱커 루프를 1단씩 교대로 뜬 다음, 실을 당깁니다.

3 '싱커 루프를 뜨고, 실 당기기'를 반복합니다.

● **늘린 코가 있을 때**

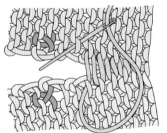

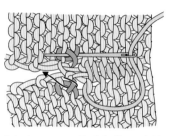

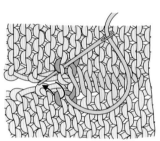

1 늘린 코의 위치까지는 가장자리 1코 안쪽의 싱커 루프를 1단씩 교대로 뜹니다.

2 늘린 코(돌려뜨기)를 꿰맬 때는 교차 부분의 아래쪽으로 돗바늘을 넣어 뜹니다.

3 이어서 늘린 코의 교차 부분과 다음 단의 가장자리 1코 안쪽의 싱커 루프를 한 번에 뜹니다.

● **줄인 코가 있을 때**

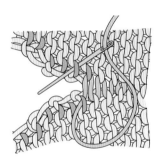

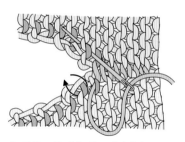

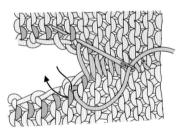

1 줄인 코의 위치까지는 가장자리 1코 안쪽의 싱커 루프를 1단씩 교대로 뜹니다.

2 줄인 코를 꿰맬 때는 가장자리 1코 안쪽의 싱커 루프와 코를 줄여서 겹쳐진 아래쪽 코의 중심에 돗바늘을 넣어 뜹니다.

3 이어서 줄인 코 부분과 다음 단의 1코 안쪽 싱커 루프를 한 번에 뜹니다.

이럴 때는?

꿰매는 실이 부족해지면 어떻게 잇나요? 실이 부족한 부분부터 새 실로 꿰맵니다. 다 꿰매고 난 다음 안쪽에서 실 끝을 정리합니다.

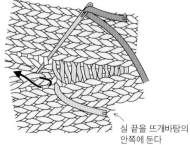

1 꿰매는 실이 5~6cm 정도 남으면 돗바늘에 새 실을 꿰어 꿰맵니다. 실 끝은 안쪽으로 나와 있어야 합니다.

실 끝을 뜨개바탕의 안쪽에 둔다

실 정리

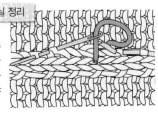

2 꿰맨 솔기의 안쪽 실을 갈라가며 실 끝을 정리합니다. 2가닥을 각각 정리해야 합니다.

빼뜨기로 꿰매기
주로 소매를 달 때 사용하는 방법입니다. 간단해서 초보자에게 알맞습니다.

● 단을 꿰맬 때

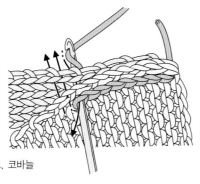

뜨개바탕을 겉면끼리 맞대고, 코바늘로 빼뜨기하면서 꿰맵니다.

● 곡선을 꿰맬 때

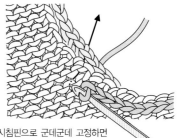

뜨개바탕을 겉면끼리 맞대고(시침핀으로 군데군데 고정하면 편합니다). 코바늘로 빼뜨기를 하면서 꿰맵니다.

반박음질로 꿰매기
주로 소매를 달 때 사용하는 방법입니다. 실이 굵으면 실을 나누어서 사용하세요.

● 단을 꿰맬 때

뜨개바탕을 겉끼리 맞대고, 돗바늘을 뜨개바탕에 수직으로 넣었다 빼면서 꿰맵니다.

반박음질을 하는 방법

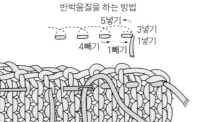

5넣기
3넣기
1넣기
4빼기
1빼기

● 곡선을 꿰맬 때

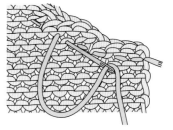

뜨개바탕을 겉끼리 맞대고(시침핀으로 군데군데 고정하면 편합니다). 돗바늘을 수직으로 넣었다 빼면서 꿰맵니다.

실을 나누는 방법
뜨개바탕을 잇거나 꿰맬 때, 단추를 달 때는 실을 풀어서 둘로 나눈 다음 사용하는 것이 좋습니다. 쉽게 끊어지는 실이나 장식 요소가 강한 실은 나누어 쓰는 실로 적합하지 않습니다.

앞쪽으로 돌린다

1 30~40cm 정도로 실을 자르고, 실 중간쯤에서 꼬임의 반대 방향으로 실을 돌립니다.

2 실이 분리됩니다.

3 반으로 나눕니다.

4 분리한 실을 다시 꼬아서 다림질합니다.

이럴 때는?

돗바늘에 실이 안 들어가요

1 실을 반으로 접듯이 바늘에 걸고, 걸린 부분을 손가락으로 잡은 상태에서 바늘을 뺍니다.

2 실을 잡은 손가락 사이로 바늘귀를 누르듯이 넣습니다.

3 실이 들어가면 실 끝 쪽을 빼냅니다.

코줍기

뜨개바탕에 새 실을 걸어 새롭게 코를 만드는 것을 '코줍기'라고 합니다. 밑단, 소매단, 앞여밈단, 목둘레단 등을 뜰 때 사용하는 기법입니다.

별도사슬의 기초코에서 코줍기

● **별도사슬을 푸는 방법 – 별도사슬의 끝 쪽에서 코를 주워 뜰 때**

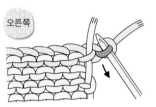

1 뜨개바탕의 안쪽을 보며 뜹니다. 별도사슬의 코산에 바늘을 넣은 다음, 실 끝을 당겨 빼냅니다.

당긴다

2 가장자리 코에 바늘을 넣고, 별도사슬을 풉니다.

3 1코를 푼 모습입니다.

4 별도사슬을 1코씩 풀면서 코를 바늘에 옮깁니다.

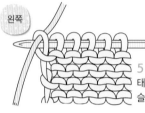

왼쪽

5 마지막 코는 꼬인 상태로 바늘에 걸고서 사슬을 풀어야 합니다.

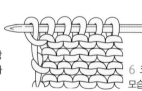

6 코를 다 옮긴 모습입니다.

주의!

별도사슬을 풀면서 대바늘에 옮긴 코는 1단으로 세지 않습니다. 새 실을 걸어서 뜨는 1단이 코를 주워 뜨는 단입니다.

1단 (기초코와 동일한 콧수를 주울 때)

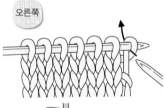

오른쪽

1 뜨개바탕을 뒤집고, 오른쪽 첫 코에 앞에서부터 바늘을 넣습니다.

2 오른쪽 바늘에 새 실을 걸어 겉뜨기를 합니다.

3 1코를 떴습니다. 다음 코에도 오른쪽 바늘을 넣어 겉뜨기를 합니다.

4 이후에도 겉뜨기를 합니다.

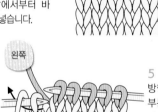

왼쪽

5 왼쪽 끝 코는 코의 방향을 바꾸고, 실 끝 부분을 뒤에서 앞으로 바늘에 걸어 한 번에 겉뜨기를 합니다.

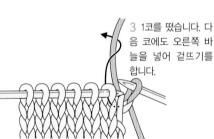

6 1단을 떴습니다.

1단 (오른쪽 가장자리에서 1코를 줄여서 주울 때)

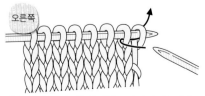

오른쪽

1 오른쪽 2코에 바늘을 화살표와 같이 넣습니다.

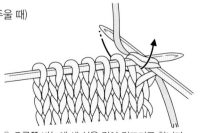

2 오른쪽 바늘에 새 실을 걸어 겉뜨기를 합니다.

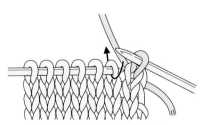

3 1코를 떴습니다. 다음 코에도 오른쪽 바늘을 넣어 겉뜨기를 합니다.

● **별도사슬을 푸는 방법 – 별도사슬의 뜨기 시작 쪽에서 코를 주워 뜰 때**

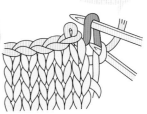

대바늘은 양면바늘을 사용하세요

오른쪽

당겨서 빼낸다

1 뜨개바탕의 겉을 보며 뜹니다. 별도사슬의 코산에 바늘을 넣고 실 끝을 빼냅니다.

2 실 끝을 다 당긴 모습입니다.

당겨서 빼낸다

3 첫 코에 바늘을 넣고, 별도사슬의 실 끝을 한 번 더 당겨서 빼냅니다.

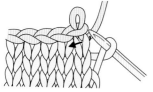

4 별도사슬을 풀면서 코를 바늘로 옮깁니다.

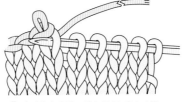

5 마지막까지 별도사슬을 풀면서 다음 코를 바늘에 옮깁니다.

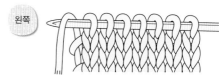

왼쪽

6 코를 다 줍고 나면 왼쪽 실 끝부분을 뒤에서 앞으로 걸칩니다. 1단은 오른쪽 가장자리부터 140쪽과 동일하게 뜹니다.

손가락으로 만드는 기초코에서 코줍기

● **메리야스뜨기일 때**

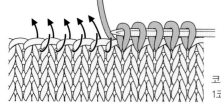

코와 코 사이에서 1코씩 줍습니다.

● **안메리야스뜨기일 때**

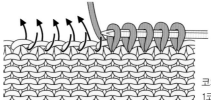

코와 코 사이에서 1코씩 줍습니다.

덮어씌운 코에서 코줍기

● **메리야스뜨기일 때**

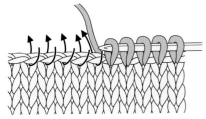

1코에서 1코를 줍습니다.

코를 많이 주울 때는 코와 코 사이에서도 줍습니다.

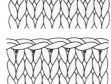

코를 적게 주울 때는 군데군데 코를 건너뜁니다.

● **안메리야스뜨기일 때**

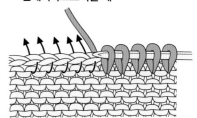

1코에서 1코씩 줍습니다.

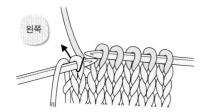

왼쪽

4 실 끝을 뒤에서 앞으로 걸고, 왼쪽 바늘의 끝 코를 화살표와 같이 오른쪽 바늘에 옮깁니다.

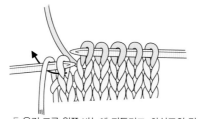

5 옮긴 코를 왼쪽 바늘에 되돌리고, 화살표와 같이 오른쪽 바늘을 넣어 실 끝과 한 번에 겉뜨기를 합니다.

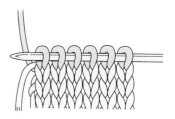

6 1단을 떴습니다.

단에서 코줍기

● 메리야스뜨기일 때

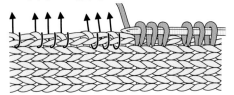

가장자리 1코 안쪽의 경계 부분에 바늘을 넣고 실을 걸어 빼냅니다(단보다 콧수가 적을 때는 군데군데 단을 건너뜁니다).

● 1코 고무뜨기일 때

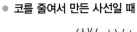

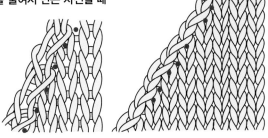

가장자리 1코 안쪽에서 줍습니다. 뜬 방향이 달라지면 그 경계에서 반코 자리를 옮겨 가장자리 1코 안쪽에서 줍습니다.

사선이나 곡선에서 코줍기

● 코를 줄여서 만든 사선일 때

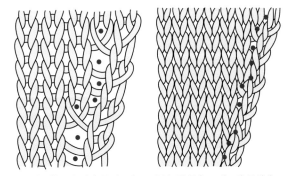

1코 안쪽을 줍습니다. 2코 모아뜨기를 해서 코가 겹쳐진 곳은 아래쪽 코에 바늘을 넣습니다. 코를 줄인 곳에서는 반코 옆에서 줍습니다.

● 돌려뜨기로 코를 늘려서 만든 사선일 때

1코 안쪽을 줍습니다. 돌려뜨기로 코를 늘린 곳은 뜨개코의 중심에 바늘을 넣습니다. 코를 늘린 곳에서는 반코 옆에서 줍습니다.

● 안메리야스뜨기일 때

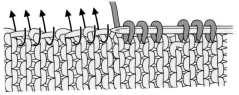

가장자리 1코 안쪽 경계 부분에 바늘을 넣고 실을 걸어 빼냅니다(단보다 콧수가 적을 때는 군데군데 단을 건너뜁니다).

뜨개바탕의 가장자리를 깔끔하게 하려면

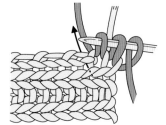

고무뜨기 코마무리를 한 뜨개바탕에서 코를 주울 때는 가장자리를 매끄럽게 정돈하기 위해 줍기 시작 쪽과 줍기 끝 쪽에 감아코를 하여 코를 늘여야 합니다. 이 코는 각각 1코로 세기 때문에 주워야 하는 전체 콧수에 포함시켜야 합니다.

감아코를 하는 방법

왼손의 검지에 실을 걸고, 실 뒤쪽에서 오른쪽 바늘을 넣습니다. 이것이 1코입니다.

● 돌려뜨기로 코를 늘려서 만든 곡선일 때

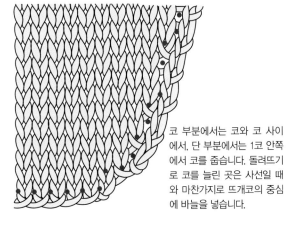

코 부분에서는 코와 코 사이에서, 단 부분에서는 1코 안쪽에서 코를 줍습니다. 돌려뜨기로 코를 늘린 곳은 사선일 때와 마찬가지로 뜨개코의 중심에 바늘을 넣습니다.

라운드 네크라인에서 코줍기

풀오버나 카디건을 뜰 때도 같은 요령으로 단과 코에서 코를 줍습니다.
코가 쉼코로 남아 있으면 바늘에 걸린 코를 겉뜨기로 뜹니다.

● 목둘레에서 코를 줍는 위치

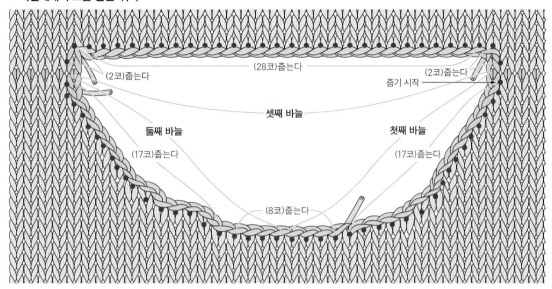

(2코)줍는다

(28코)줍는다 (2코)줍는다

줍기 시작

셋째 바늘

둘째 바늘 첫째 바늘

(17코)줍는다 (17코)줍는다

(8코)줍는다

4개짜리
바늘이나 줄바늘로
주우세요.

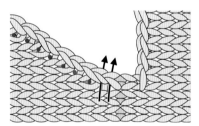

1 왼쪽 어깨솔기 바로 옆에서부터 코를 줍습니다.
화살표와 ● 표시가 실을 걸어 빼낼 위치입니다.

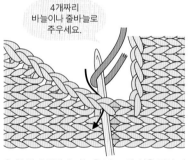

2 첫 번째 위치에 바늘을 넣고, 새 실을 걸어 빼
냅니다.

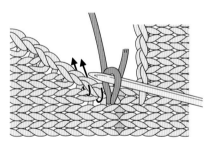

3 1코를 주웠습니다. 위쪽의 뜨개 도안을 참고
로 계속해서 코를 줍습니다. 2코 모아뜨기를 한
곳에서는 아래쪽 코 안으로 바늘을 넣습니다.

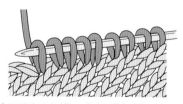

4 중앙의 덮어씌운 코에서도 줍습니다.

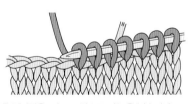

5 덮어씌운 코는 코 안으로 바늘을 넣습니다.

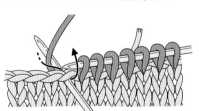

6 앞쪽 목둘레의 중심에서 다음 바늘로 바꾸어
(줄바늘은 그대로) 코를 줍습니다.

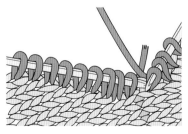

7 뒤 목둘레에서 바늘
을 바꾸어 1단의 마지
막까지 코를 줍습니다.

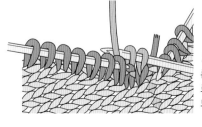

8 2단부터는 1코 고무뜨기 등 작품에 따
른 뜨개 기법으로 뜹니다. 4개짜리 바늘
로 뜰 때는 3개의 바늘에 코가 걸려 있으
므로 넷째 바늘로 뜹니다.

V 네크라인에서 코를 주워 뜨는 방법

V의 중심코에서 코를 줄이는 것이 포인트입니다. 4개짜리 양면바늘이나 줄바늘을 사용합니다.

1단

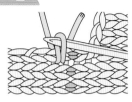

1 왼쪽 앞 어깨의 가장자리 1코 안쪽에 바늘을 넣고, 새 실을 걸어 빼냅니다.

4개짜리 바늘이나 줄바늘로 주우세요

2 가장자리 1코 안쪽을 줍고, 코를 줄인 곳에서는 아래쪽 코의 중심에 바늘을 넣습니다. 계속해서 왼쪽 앞 목둘레 사선에서 코를 줍습니다.

● V 네크라인에서 코를 줍는 위치

● =코를 주울 위치

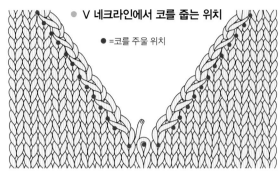

별도의 실은 푼다

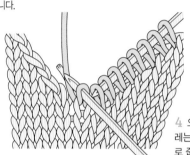

3 목둘레 앞쪽 중심코에 새 바늘을 넣어 겉뜨기를 합니다.

4 오른쪽 목둘레는 둘째 바늘로 줍습니다.

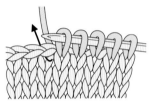

5 오른쪽 목둘레를 다 주우면 바늘을 교체합니다. 뒤쪽 목둘레의 덮어씌운 부분은 코 안으로 바늘을 넣어 줍습니다.

2단

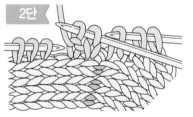

1 뒤판의 왼쪽 어깨 부분까지 줍고 나면 바늘을 바꾸고, 1단의 첫 코를 계속해서 뜹니다.

중심코

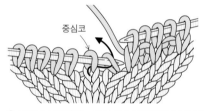

2 중심코 부분에서는 중심 3코 모아뜨기를 합니다. 중심코와 그 오른쪽 코에 화살표와 같이 오른쪽 바늘을 넣어 코를 옮기고,

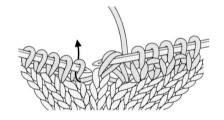

3 왼쪽 바늘의 코를 겉뜨기로 뜹니다.

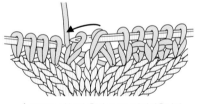

4 오른쪽 바늘에 옮긴 2코를 덮어씌웁니다.

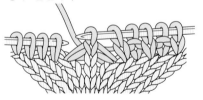

5 중심 3코 모아뜨기가 완성되었습니다. 왼쪽도 오른쪽과 대칭이 되도록 뜹니다.

6 V 네크라인의 앞쪽 중심에서는 지정한 횟수만큼 중심 3코 모아뜨기로 코를 줄입니다.

● **중심코가 없을 때**

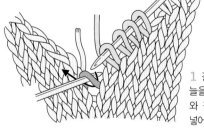

1 걸쳐진 실 아래로 바늘을 넣어 뜨고, 화살표와 같이 오른쪽 바늘을 넣어서 겉뜨기를 합니다.

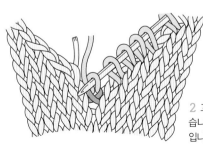

2 꼬아뜨기를 완성했습니다. 이것이 중심코입니다.

폴로 칼라에서 코를 주워 뜨는 방법

앞여밈 부분의 아래쪽 코들은 쉼코로 잡아두고, 양쪽의 앞여밈단을 먼저 뜹니다. 옷깃은 이 앞여밈단의 중반에서 코를 주워 뜹니다. 옷깃이 중간에서 바깥쪽으로 접히므로 안과 겉을 주의하며 떠야 합니다. 남자 옷을 뜰 때는 앞여밈단이 반대로 겹쳐져야 합니다.

앞여밈단을 뜬다

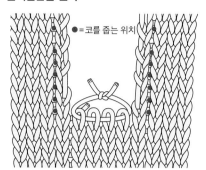

● = 코를 줍는 위치

1 중앙의 코를 별도의 실에 꿰어 쉬게 하고, 좌우의 앞여밈단부터 뜹니다. 뜨개바탕의 좌우에서 코를 줍고, 가장자리는 감아코로 코를 늘립니다.

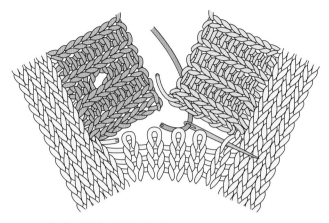

2 별도의 실은 매듭을 풀어서 코에 남겨 둡니다(그림에서는 별도의 실 생략). 실 끝을 20㎝정도 남겨둬야 합니다. 이어서 쉼코의 오른쪽 코에 뒤쪽에서 돗바늘을 넣습니다.

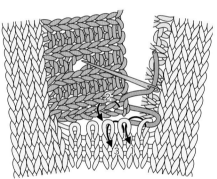

3 오른쪽 앞여밈단의 1코 안쪽에 있는 고무뜨기 코마무리의 실을 떠서 실을 당깁니다. 이어서 쉼코에 돗바늘을 화살표와 같이 넣습니다. 교대로 돗바늘을 넣어 앞여밈단의 단과 여밈 부분의 가운데 부분을 코와 단 잇기로 봉합합니다.

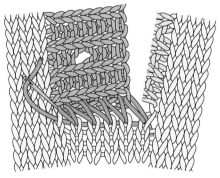

4 그림에서는 알아보기 쉽도록 잇는 실을 느슨하게 해두었지만, 실제로는 보이지 않을 정도로 당겨야 합니다. 실 끝은 안쪽으로 빼둡니다.

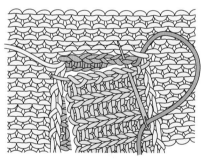

5 뜨개바탕을 뒤집어서 처음에 남겨둔 실 끝으로 왼쪽 앞여밈단을 시접에 휘감아 꿰맵니다.

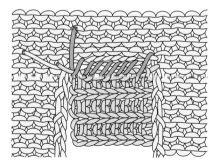

6 다 휘감은 모습입니다. 남은 실 끝을 정리합니다.

옷깃의 코줍기

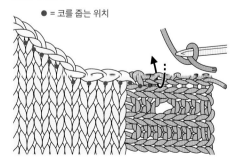

● = 코를 줍는 위치

1 앞여밈단의 단 중반에서부터 감아코를 하여 코를 늘린 후에 줍기 시작합니다.

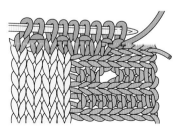

2 2단은 1코 고무뜨기로 뜨는데, 목둘레단이 중간부터 젖혀지므로 가장자리는 안뜨기 2코로 뜹니다.

소매 달기

소매를 다는 데에는 여러 방법이 있습니다. 여기에서는 대표적인 3가지 방법을 소개합니다.

세트인 슬리브
(빼뜨기로 꿰매기)

세트인 슬리브란 일반적인 진동둘레에 달린 평범한 소매를 말합니다.
먼저 옆선과 소매 아래선을 각각 연결한 후 진동둘레에 맞춰 소매를 달아줍니다.

소매를 달기 위한 준비 과정

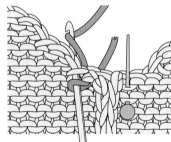

소매(겉)

몸판(안쪽)

몸판을 안쪽으로 뒤집고, 소매를 넣어 겉끼리 맞대어 놓습니다.

옆선의 솔기와 소매 아래선, 어깨선과 소매산의 중심을 맞춰놓고 이 두 지점을 시침핀으로 고정합니다.

2개의 시침핀 사이를 좀 더 촘촘하게 시침합니다(꿰매는 그림에서는 시침핀 생략).

가장자리 1코 안쪽을 꿰매세요

1 옆선의 솔기 바로 옆에 코바늘을 넣고 실을 걸어 빼냅니다. 실 끝은 5㎝ 정도 남겨둡니다.

2 왼쪽 옆의 코에 코바늘을 넣고 실을 겁니다.

3 뜨개바탕과 코바늘에 걸려 있는 고리 안으로 한 번에 빼냅니다.

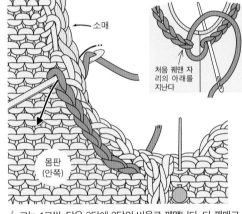

소매

처음 꿰맨 자리의 아래를 지난다

몸판(안쪽)

4 코는 1코씩, 단은 3단에 2단의 비율로 꿰맵니다. 다 꿰매고 나면 실 끝을 돗바늘에 꿰어 첫 코 아래쪽을 지나 1코를 만들고, 실 끝을 소매 쪽으로 빼냅니다.

● 반박음질로 꿰매기(반으로 나눈 실 사용)

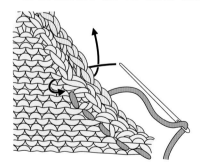

직선은 1코 안쪽, 곡선은 약간 안쪽을 꿰매는데, 뜨개바탕의 실을 가르듯이 지나야 합니다. 이렇게 하면 소매가 튼튼하게 달리지만 도중에 실을 풀기 어렵고 시간도 많이 걸립니다. 초보자라면 특히 더 주의를 기울여야 합니다.

래글런 슬리브
(메리야스 잇기 · 떠서 꿰매기)

목둘레에서 소매 아래선까지 사선으로 이어진 소매를 래글런 슬리브라고 합니다. 우선 몸판과 소매를 같은 모양으로 뜨고, 소매 폭은 메리야스 잇기, 래글런 선은 떠서 꿰매기로 연결합니다.

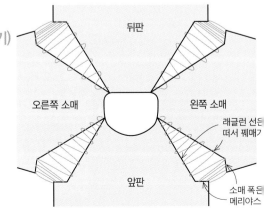

뒤판

오른쪽 소매

왼쪽 소매

래글런 선은 떠서 꿰매기

앞판

소매 폭은 메리야스

스퀘어 슬리브
(코와 단 잇기)

진동둘레가 네모나게 각으로 파인 소매를 스퀘어 슬리브라고 합니다. 이 소매에는 소매산이 없습니다. 소매를 먼저 달고 나서 소매 아래선과 옆선을 꿰맵니다.

소매를 달기 위한 준비

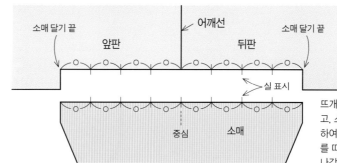

뜨개바탕의 겉이 위로 오도록 놓고, 소매를 달 위치를 각각 8등분하여 실로 표시해둡니다. 실 표시를 따라 단과 코의 잇기로 연결해 나갑니다.

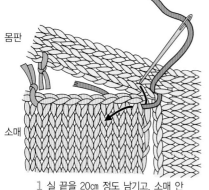

1 실 끝을 20cm 정도 남기고, 소매 안쪽에서 돗바늘을 넣어 반코씩 뜹니다.

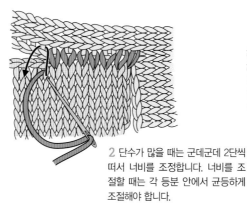

2 단수가 많을 때는 군데군데 2단씩 떠서 너비를 조정합니다. 너비를 조절할 때는 각 등분 안에서 균등하게 조절해야 합니다.

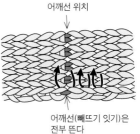

3 어깨선에서는 빼뜨기로 이은 실을 전부 떠야 합니다.

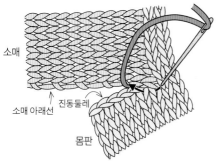

4 남겨둔 실 끝을 겉쪽으로 빼서 진동둘레와 소매 아래선도 같은 요령으로 이어 나갑니다.

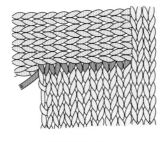

5 다 이었습니다.

주의!

잇는 실은 겉에서 보이지 않을 정도로 당겨야 합니다(그림에서는 잇는 과정을 설명하기 위해 당기지 않은 모습으로 나와 있습니다).

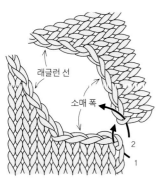

1 뜨개바탕의 겉이 위로 오도록 두고, 양쪽 뜨개바탕에 차례대로 돗바늘을 넣습니다.

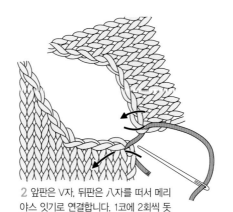

2 앞판은 V자, 뒤판은 八자를 떠서 메리야스 잇기로 연결합니다. 1코에 2회씩 돗바늘이 지나가야 합니다.

3 단을 연결할 때는 1단에서 반코씩 자리를 옮긴 다음 목둘레까지 떠서 꿰매기를 반복합니다.

다림질하는 방법

뜨개바탕을 다 뜨고 나면 스팀이 나오는 다리미로 다림질합니다.
다리미를 뜨개바탕에서 조금 띄워야 뜨개코가 뭉개지지 않습니다.

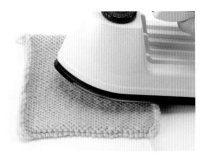

뜨개바탕에서 2~3㎝ 정도 다리미를 띄우고 스팀을 충분히 쐬어 줍니다. 뜨개바탕이 비틀어졌을 때는 열기가 있을 때 올바르게 정리합니다.

뜨개바탕을 풀어서 다시 뜰 때도 반드시 실에 스팀을 쐬어주어야 뜬 자국이 남지 않습니다.

다림질할 때의 주의사항

① 실의 라벨을 확인하여 고온 다림질을 직접 할 수 없을 때는 천을 덧대어줍니다.
② 옷의 솔기를 잇기 전에 각 부분의 뜨개 조각을 다림질하면 뜨개코가 정리되어 마무리 작업이 쉬워집니다 (치수를 맞춰야 할 때는 완성 치수에 맞게 시침을 한 후에 다림질합니다).
③ 게이지용 뜨개바탕은 시침질하지 않은 상태에서 자연스럽게 뜨개코를 정리합니다.

알면 편리한
TIP

사이즈를 쉽게 조절하는 방법

작품의 크기가 자신에게 맞지 않을 때는 대바늘의 호수를 바꿔서 뜹니다. 1호 차이 나면 약 5%, 2호 차이 나면 약 10% 정도 완성 치수가 달라집니다. 너무 다른 호수의 바늘로 뜨면 뜨개바탕의 감촉이나 느낌이 달라지므로 2호 이상 차이가 나는 바늘은 사용하지 않는 편이 좋습니다.
또는 실을 바꾸어 치수를 조절할 수도 있습니다. 라벨을 보았을 때 같은 무게의 실이라면 길이가 긴 쪽의 실이 더 가늘고, 짧은 쪽의 실이 더 굵습니다. 실의 굵기가 달라지면 치수를 더 많이 조절할 수 있습니다. 그러나 이럴 때는 자신이 뜬 게이지와 작품의 게이지의 차이가 얼만큼인지 반드시 확인한 후에 뜨기 시작해야 합니다.

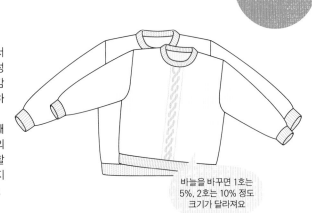

바늘을 바꾸면 1호는 5%, 2호는 10% 정도 크기가 달라져요

다른 실로 뜨고 싶을 때 실을 고르는 요령

실을 고를 때 주목해야 할 점은 알맞은 바늘과 실의 무게, 실의 길이입니다. 뜨고 싶은 작품의 실과 비교했을 때 이 사항이 비슷하다면 안심하고 떠도 됩니다. 실의 굵기가 같아도 실의 특성에 따라 알맞은 바늘 호수가 다를 수 있기 때문에 반드시 라벨을 보고 확인해야 합니다. 또한 어떠한 실을 고르든 반드시 게이지를 먼저 만든 후에 뜨기 시작해야 합니다.
어려운 무늬에는 스트레이트 얀, 메리야스뜨기에는 독특한 질감의 실, 구멍무늬에는 모헤어가 잘 어울립니다. 뜨개바탕과 실의 어울림을 생각하면서 자기만의 작품을 떠 보시기 바랍니다.

작품을 떠보자

이제까지 알아본 기법을 조합하여 본격적인 작품에 도전해봅니다.
우선은 작품 하나를 골라서 끝까지 완성해보는 것이 좋습니다.

✲ V 네크라인 조끼

가로 방향으로 배색 무늬가 들어간 조끼입니다.
자연스러운 느낌의 베이지색에 파란색과 빨간색을 넣어
차분하면서도 화려해 보입니다.
코를 줄이거나 늘리지 않는 상태에서 배색뜨기를 하므로
가장자리를 처리하기도 쉽습니다.

디자인 / 가제코보(風工房)
사용한 실 / RichMore Percent

【 V 네크라인 조끼 뜨는 방법 】

✖ 실 RichMore Percent 베이지색(98) 175g, 풀색(12) 15g, 갈색(76) 10g, 빨간색(64) 5g, 녹청색(26) 5g,
파란색(106) 5g, 크림색(3) 5g, 노란색(14) 5g
✖ 바늘 대바늘 5, 4, 3호
✖ 게이지 10㎝ 평방 메리야스뜨기 25코·32단, 배색뜨기 25코·29단
✖ 완성 치수 가슴둘레 92㎝, 뒤쪽 어깨너비 34㎝, 옷길이 55㎝

뜨는 방법의 포인트

[뒤판] 손가락으로 기초코를 만들어 1코 고무뜨기를 24단 뜹니다. 4호 바늘로 바꾸어 메리야스뜨기를 합니다. 진동둘레와 목둘레에서 2코 이상 코를 줄일 때는 덮어씌우기를 하고, 1코를 줄일 때는 가장자리 1코 세워 코 줄이기를 합니다. 어깨의 경사 만들기는 남겨 되돌아뜨기로 뜹니다. [앞판] 뒤판과 같은 요령으로 뜨는데, 1코 고무뜨기를 한 후에는 5호 바늘로 바꾸어 배색뜨기를 66단 뜨고, 4호 바늘로 바꾸어 메리야스뜨기를 합니다. [연결하기] 어깨선에서는 덮어씌워 잇기를 합니다. 진동둘레단과 목둘레단을 뜰 때는 지정한 콧수를 주워서 진동둘레단은 왕복뜨기로, 목둘레단은 원형뜨기로 뜹니다. 다 뜨면 겉뜨기는 겉뜨기로, 안뜨기는 안뜨기로 덮어씌웁니다. 옆선과 진동둘레는 떠서 꿰매기로 연결합니다.

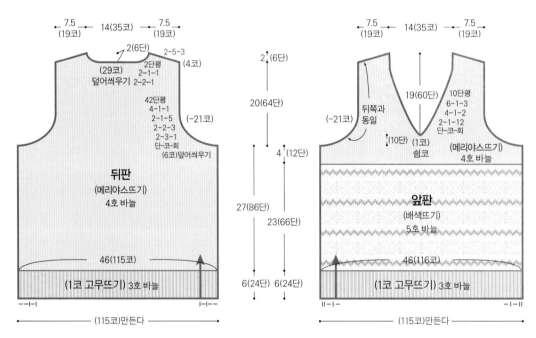

*배색뜨기 이외에는 모두 베이지색으로 뜬다

목둘레단 (1코 고무뜨기) 3호 바늘

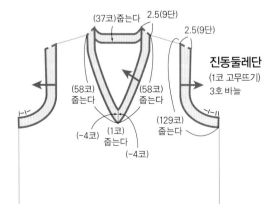

150

뒤쪽 목둘레

왼쪽 어깨 경사 만들기

새 실을 건다

오른쪽 어깨 경사 만들기

배색뜨기

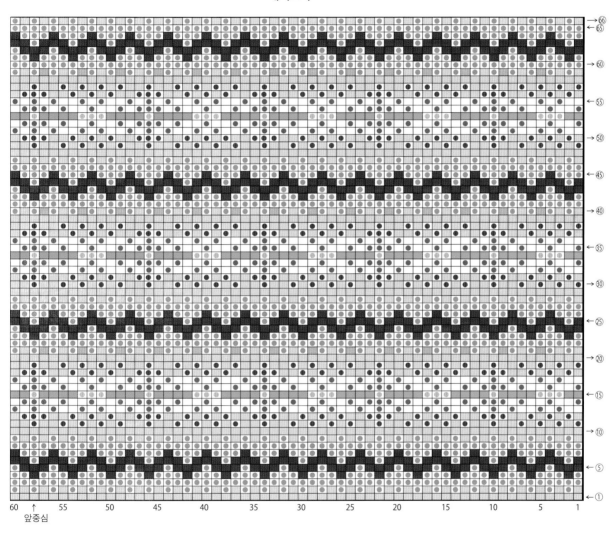

60 ↑ 55 50 45 40 35 30 25 20 15 10 5 1
앞중심

□=ﬨ 겉뜨기
□ = 미색
= 노란색
= 파란색
= 녹청색
= 빨간색
= 갈색
= 풀색
= 베이지색

배색

V 네크라인의 아래쪽 중심을 뜨는 방법

겉뜨기는 겉뜨기로, 안뜨기는 안뜨기로
덮어씌우기

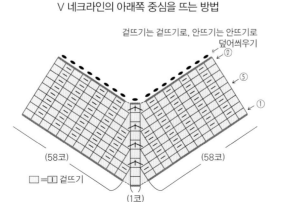

(58코)   (58코)

□=ﬨ 겉뜨기

(1코)

✳ 풀오버

다이아몬드무늬와 교차무늬를 조합한 라운드 네크라인 아란무늬 스웨터입니다.
짧은 소매가 경쾌한 분위기를 풍깁니다.
목둘레의 곡선에서는 코를 줄이면서 무늬를 만듭니다.

디자인 / 가제코보
사용한 실 / RichMore SPECTRE MODEM

✳ 카디건

멋진 남성용 카디건입니다.
'생명의 나무'라는 아란무늬가 들어가 있습니다.
양옆 주머니가 디자인의 포인트입니다.

디자인 / 가제코보
사용한 실 / Hamanaka Arran tweed

【 풀오버 뜨는 방법 】

× 실 RichMore SPECTRE MODEM 파란색(23) 400g
× 바늘 대바늘 9, 7호
× 게이지 10cm 평방 메리야스뜨기 19코·23단, 무늬뜨기A 16cm 1무늬 42코·10cm 23단,
무늬뜨기B 8cm 1무늬 20코·10cm 23단
× 완성 치수 가슴둘레 94cm, 뒤쪽 어깨너비 38cm, 옷길이 53.5cm, 소매길이 39cm

뜨는 방법의 포인트

[앞뒤 몸판] 손가락으로 기초코를 만들어 2코 고무뜨기를 16단 뜹니다. 9호 바늘로 바꾸어 메리야스뜨기와 무늬
뜨기A를 합니다. 진동둘레와 목둘레에서 2코 이상 코를 줄일 때는 덮어씌우기를 하고, 1코를 줄일 때는 가장자
리 1코 세워 코 줄이기를 합니다. [소매] 몸판과 똑같은 요령으로 뜨는데, 무늬뜨기B로 뜹니다. 소매 아래선에서
는 감아코로 코를 늘리고, 소매산에서는 2코 이상은 덮어씌우기를 하고, 1코는 가장자리 1코 세워서 코 줄이기를
합니다. [연결하기] 어깨는 덮어씌워서 잇기, 옆선과 소매 아래선은 떠서 꿰매기로 연결합니다. 목둘레단은 지정한
콧수를 주워서 원형뜨기로 2코 고무뜨기를 하고, 다 뜨면 겉뜨기는 겉뜨기로, 안뜨기는 안뜨기로 덮어씌웁니다.
소매는 빼뜨기로 꿰매어 답니다.

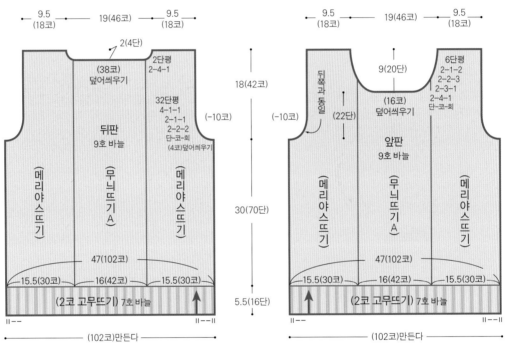

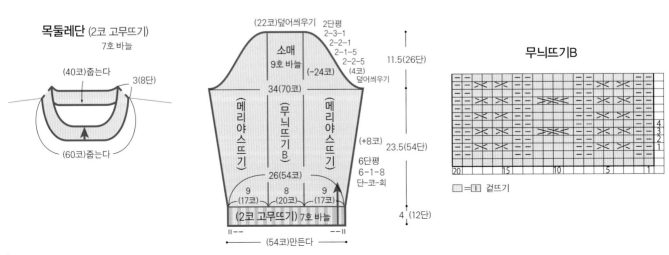

154

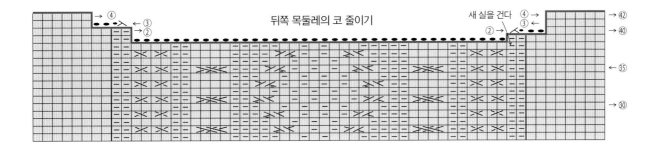

뒤쪽 목둘레의 코 줄이기

새 실을 건다

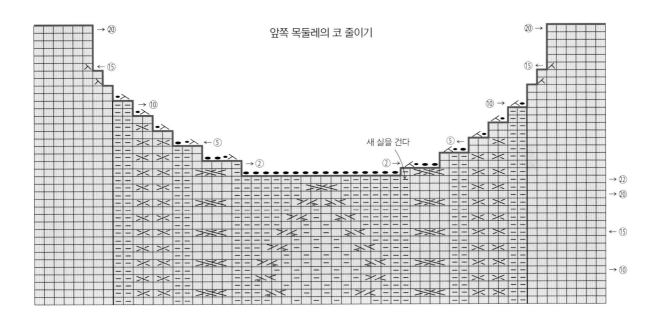

앞쪽 목둘레의 코 줄이기

새 실을 건다

무늬뜨기A

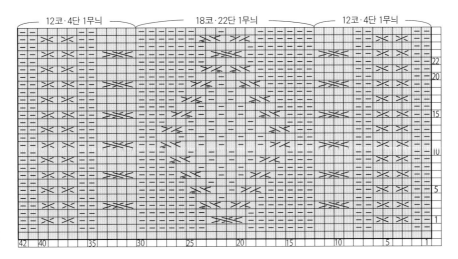

12코·4단 1무늬   18코·22단 1무늬   12코·4단 1무늬

□ = □ 겉뜨기

✖실 Hamanaka Arran tweed 흐린 갈색(2) 360g
✖바늘 대바늘 8, 6호
✖게이지 10cm 평방 메리야스뜨기 18코·24단, 무늬뜨기 8.5cm 1무늬 19코·10cm 24단
✖완성 치수 허리둘레 93cm, 뒤쪽 어깨너비 36cm, 옷길이 67cm

뜨는 방법

[뒤판] 손가락으로 기초코를 만들어 2코 고무뜨기를 8단 뜹니다. 8호 바늘로 바꾸어 메리야스뜨기와 무늬뜨기를 합니다. 옆선, 진동둘레, 목둘레의 코 줄이기는 2코 이상일 때는 덮어씌우기, 1코일 때는 가장자리 1코 세워 코 줄이기를 합니다. [앞판] 뒤판과 같은 요령으로 뜨고, 지정한 위치에서 세트인 포켓을 뜹니다.
[연결하기] 어깨는 덮어씌워서 잇기를 하고, 진동둘레단은 지정한 콧수를 주워서 왕복뜨기로 뜬 다음에 겉뜨기는 겉뜨기로, 안뜨기는 안뜨기로 덮어씌웁니다. 옆선과 진동둘레는 떠서 꿰매기로 연결합니다. 앞여밈단과 목둘레단은 지정한 콧수를 주워서 뜨는데, 줍기 시작과 줍기 끝에서는 감아코로 코를 늘립니다. 오른쪽 앞여밈단은 단춧구멍을 내면서 2코 고무뜨기로 8단을 뜹니다.

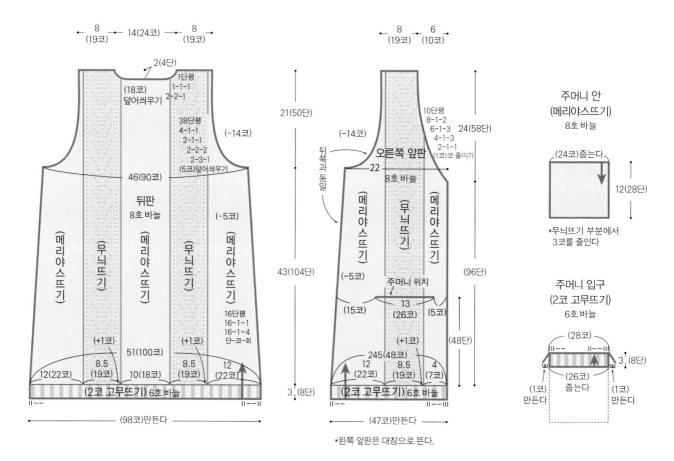

*왼쪽 앞판은 대칭으로 뜬다.

주머니 안
(메리야스뜨기)
8호 바늘

(24코)줍는다
12(28단)

*무늬뜨기 부분에서
3코를 줄인다

주머니 입구
(2코 고무뜨기)
6호 바늘

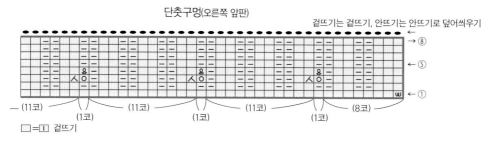

단춧구멍(오른쪽 앞판)

겉뜨기는 겉뜨기, 안뜨기는 안뜨기로 덮어씌우기

□=□ 겉뜨기

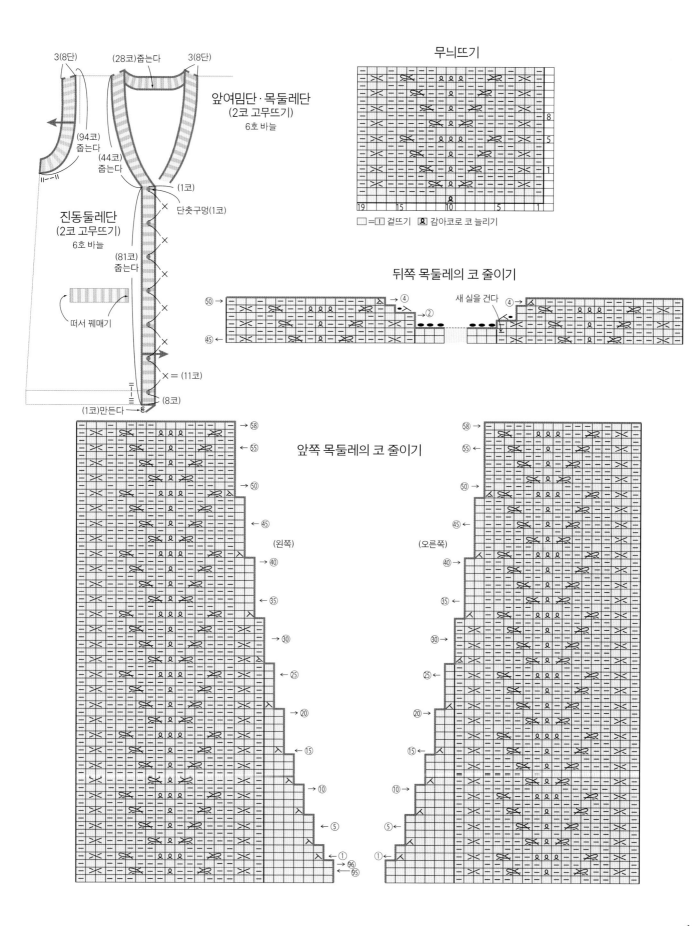

3(8단)　　(28코)줍는다　　3(8단)

앞여밈단·목둘레단
(2코 고무뜨기)
6호 바늘

(94코)
줍는다

(44코)
줍는다

(1코)

단춧구멍(1코)

진동둘레단
(2코 고무뜨기)
6호 바늘

(81코)
줍는다

떠서 꿰매기

× = (11코)

(1코)만든다

(8코)

무늬뜨기

□=1 겉뜨기　 오 감아코로 코 늘리기

뒤쪽 목둘레의 코 줄이기

새 실을 건다

앞쪽 목둘레의 코 줄이기

(왼쪽)

(오른쪽)

Index 색인

ㄱ

가장자리 1코 세워서 코 줄이기…100 ★
가장자리 2코 세워서 코 줄이기…101 ★
가터 잇기…131 ★
가터뜨기…26 ★
감아코로 코 늘리기…111 ★
걸기코…35 ●
걸기코와 돌려뜨기로 코 늘리기…110 ★
걸러뜨기(1단일 때)…56 ●
걸러 안뜨기(1단일 때)…57 ●
걸쳐뜨기(1단일 때)…56 ●
걸쳐 안뜨기(1단일 때)…57 ●
겉뜨기…22 ●
게이지에 관하여…65 ★
고무뜨기…26 ★
고무뜨기의 코마무리 도중 실이 부족할 때…128 ★
공사슬로 만드는 기초코…19 ★
구멍무늬의 구성…41 ★
균등하게 코를 증감하는 방법…112 ★
그 밖의 도구…13 ★
기호도 보는 방법…27 ★
긴뜨기 3코 구슬뜨기…53 ★
꿰매는 실을 잇는 방법…138 ★
끌어올려뜨기(2단일 때)…50 ●
끌어올려 안뜨기(2단일 때)…50 ●

ㄴ

남겨 되돌아뜨기(겉뜨기일 때)…114 ★
남겨 되돌아뜨기(안뜨기일 때)…118 ★
남겨 되돌아뜨기에서 단코표시핀을 사용하는 방법…117 ★
네크라인에서 코를 주워 뜨는 방법…144 ★
늘려 되돌아뜨기(겉뜨기일 때)…120 ★
늘려 되돌아뜨기(안뜨기일 때)…122 ★

ㄷ

다른 실로 뜨고 싶을 때 실을 고르는 포인트…148 ★
다림질하는 방법…148 ★
단에서 코 줍기…142 ★
단추 다는 방법…76 ★
단춧구멍 뜨는 방법…76 ★
대바늘에 관하여…12

대바늘을 쥐는 방법…22 ★
덮어씌우기…28, 35, 102 ●
덮어씌우기(안뜨기)…35 ●
덮어씌운 코에서 코줍기…141 ★
덮어씌워서 잇기…133 ★
도중에 코를 빠뜨렸을 때의 대처법…25 ★
돌려뜨기…36 ●
돌려 안뜨기…37 ●
돌려뜨기로 코 늘리기…108 ★
돗바늘에 실을 꿰는 방법…139 ★
드라이브뜨기(2회감기)…48 ●
드라이브뜨기(3회감기)…49 ●
떠서 꿰매기(1코 고무뜨기)…136 ★
떠서 꿰매기(2코 고무뜨기)…137 ★
떠서 꿰매기(가터뜨기)…135 ★
떠서 꿰매기(메리야스뜨기)…134 ★
떠서 꿰매기(안메리야스뜨기)…138 ★
뜨개코의 모양과 이름, 뜨개코를 세는 방법…27

ㄹ

라벨 보는 방법…14
라운드 네크라인 뜨는 방법…105 ★
라운드 네크라인에서 코줍기…143 ★
레그워머…58 ✖
레그워머 뜨는 방법…60 ✖

ㅁ

머플러 뜨는 방법…31 ✖
머플러…30 ✖
멍석뜨기…26 ★
메리야스뜨기…24 ★
메리야스 잇기…129 ★
메리야스 자수…75 ★
모자(교차뜨기)…59 ✖
모자(교차뜨기) 뜨는 방법…61 ✖
모자(배색뜨기)…82 ✖
모자(배색뜨기) 뜨는 방법…83 ✖
무늬는 1단 아래에 생긴다?–뜨개코의 구성…106
무늬뜨기의 기호도 보는 방법…57

ㅂ

반박음질로 꿰매기…139 ★
방울 만드는 방법…75 ★
배색뜨기(걸치는 실을 감아 뜨는 방법)…70 ★
배색뜨기(걸치는 실이 길 경우의 대처법)…69 ★
배색뜨기(실을 가로로 걸치는 방법)…68 ★
배색뜨기(실을 세로로 걸치는 방법)…72 ★
별도사슬로 만드는 1코 고무뜨기의 기초코…92 ★
별도사슬로 만드는 2코 고무뜨기의 기초코…96 ★
별도사슬로 만드는 기초코…18 ★
별도사슬을 푸는 방법…95 ★
별도사슬의 기초코에서 코줍기…140 ★
분산하여 코 늘리기…110 ★
분산하여 코 줄이기…101 ★
빼뜨기 잇기…132 ★
빼뜨기로 꿰매기…139 ★
빼뜨기로 만드는 끈…79 ★

ㅅ

사선이나 곡선에서 코줍기…142 ★
사이즈를 쉽게 조절하는 방법…148 ★
새우뜨기…79 ★
소매 달기(래글런 슬리브)…146 ★
소매 달기(세트인 슬리브)…146 ★
소매 달리(스퀘어 슬리브)…147 ★
손가락으로 만드는 1코 고무뜨기의 기초코…98 ★
손가락으로 만드는 기초코…16 ★
손가락으로 만드는 기초코에서 코줍기…141 ★
술 장식 다는 방법…31 ★
스레드 끈…79 ★
실에 관하여…14
실을 거는 방법…22 ★
실을 나누는 방법…139 ★
실을 묶는 방법…29 ★
실을 바꾸는 방법…29 ★
실타래에서 실 끝 찾기…16 ★

ㅇ

안뜨기…22 ●
안뜨기를 잘 뜨는 방법…23 ★
안메리야스뜨기…26 ★

안메리야스잇기…130 🌟

영국 고무뜨기(겉뜨기 끌어올려뜨기)…51 ◉

영국 고무뜨기(안뜨기 끌어올려뜨기)…51 ◉

영국 고무뜨기(양면 끌어올려뜨기)…50 ◉

오른쪽으로 빼낸 매듭뜨기(3코일 때)…55 ◉

오른코 겹쳐 2코 모아 안뜨기…37 ◉

오른코 겹쳐 2코 모아뜨기…36 ◉

오른코 겹쳐 3코 모아 안뜨기…39 ◉

오른코 겹쳐 3코 모아뜨기…38 ◉

오른코 겹쳐 4코 모아뜨기…40 ◉

오른코 교차뜨기…44 ◉

오른코 교차뜨기(아래쪽 안뜨기)…45 ◉

오른코 늘리기…42, 108 ◉

오른코 늘려 안뜨기…43 ◉

오른코에 꿴 교차뜨기…46 ◉

오른코에 꿴 매듭뜨기(3코일 때)…54 ◉

오른코 위 2코 교차뜨기…46 ◉

오른코 위 2코 교차뜨기(중앙에 1코 넣기)…46 ◉

오른코 위 2코와 1코 교차뜨기…48 ◉

오른코 위 2코와 1코 교차뜨기(아래쪽 안뜨기)…49 ◉

오른코 위 돌려 교차뜨기(아래쪽 안뜨기)…44 ◉

오버스커트 뜨는 방법…81 ✖

오버스커트…80 ✖

올바른 뜨개코의 모양…23

옷의 각 부분의 명칭과 뜨는 순서…87

옷의 뜨개 도안과 기호도 보는 방법…88

왼쪽으로 빼낸 매듭뜨기(3코일 때)…55 ◉

왼코 겹쳐 2코 모아 안뜨기…37 ◉

왼코 겹쳐 2코 모아뜨기…36 ◉

왼코 겹쳐 3코 모아 안뜨기…39 ◉

왼코 겹쳐 3코 모아뜨기…38 ◉

왼코 겹쳐 4코 모아뜨기…40 ◉

왼코 교차뜨기…44 ◉

왼코 늘리기…42,108 ◉

왼코 늘려 안뜨기…43 ◉

왼코에 꿴 교차뜨기…47 ◉

왼코에 꿴 매듭뜨기(3코일 때)…55 ◉

왼코 위 2코 교차뜨기…47 ◉

왼코 위 2코 교차뜨기(중앙에 1코 넣기)…47 ◉

왼코 위 2코와 1코 교차뜨기…48 ◉

왼코 위 2코와 1코 교차뜨기(아래쪽 안뜨기)…49 ◉

왼코 위 3코 교차뜨기…60 ◉

왼코 위 돌려 교차뜨기(아래쪽 안뜨기)…45 🌟

원형뜨기에서 대바늘의 경계를 매끄럽게 뜨는 방법…21 🌟

원형뜨기의 기초코…20 🌟

이중사슬뜨기…79 🌟

ㅈ

조끼…62 ✖

조끼 뜨는 방법…63 ✖

조여서 코마무리…128 🌟

주머니 뜨는 방법…78 🌟

줄무늬(가로)…66 🌟

줄무늬(세로)…67 🌟

줄바늘을 사용하는 방법…21 🌟

중심 3코 모아 안뜨기…39 ◉

중심 3코 모아뜨기…38 ◉

중심 5코 모아뜨기…40 ◉

진동둘레 뜨는 방법…102 🌟

ㅋ

카디건…153 ✖

카디건 뜨는 방법…156 ✖

케이프…32 ✖

케이프 뜨는 방법…33 ✖

코 늘리기(코를 늘리는 기타 방법)…112 ◉

코마무리…28 🌟

코와 단 잇기…131 🌟

ㅍ

평균 계산 부분을 뜨는 방법…91 🌟

폴로 칼라에서 코를 주워 뜨는 방법…145 🌟

풀오버…152 ✖

풀오버 뜨는 방법…154 ✖

ㅎ

핸드워머…84 ✖

핸드워머 뜨는 방법…85 ✖

휘감아 잇기(감침질로 잇기)…132 🌟

휘감아 코마무리…128 🌟

123

1코 고무뜨기의 뜨기 시작과 뜨기 끝을 잇는 방법…132 🌟

1코 고무뜨기의 코마무리…124 🌟

2코 고무뜨기의 코마무리…126 🌟

3코 3단 구슬뜨기…52 ◉

3코 만들기…42 ◉

3코 만들기(안뜨기)…43 ◉

3회 감아 매듭뜨기…56 ◉

4단 끌어올려 3코 구슬뜨기…54 ◉

5코 5단 구슬뜨기…52 ◉

ABC

V 네크라인 뜨는 방법…107 🌟

V 네크라인 조끼 뜨는 방법…150 ✖

V 네크라인 조끼…149 ✖

이 책에서 사용한 실

주식회사 다이도 인터내셔널 퍼피 사업부(Daidoh International Puppy 事業部)
Queen Anny 울100% 50g타래·약97㎝ 병태 6〜7호
British Eroika 울100%(영국울 50% 이상 사용) 50g타래·약83㎝ 극태 8〜10호
Bottonato 울100% 40g타래·약94㎝ 병태 7〜9호

다이아케이토(Diakeito) 주식회사
Diamohairdeux Alpaca 모헤어(키드모헤어)40%, 알파카(베이비알파카)10%, 아크릴50% 40g타래·약180㎝ 병태 8〜7호

하마나카(Hamanaka) 주식회사
Arran Tweed 90%, 알파카10% 40g타래·약82㎝ 극태 8〜10호
Sonomono Alpaca Wool 울60%, 알파카40% 40g타래·약60㎝ 병태 10〜12호

하마나카 주식회사 리치모어(RichMore) 영업부
SPECTRE MODEM 울100% 40g타래·약80㎝ 병태 8〜10호
Bacara Epoch 알파카33%, 울33%, 모헤어24%, 나일론10% 병태 7〜8호
Percent 울100% 40g타래·약120㎝ 합태 5〜7호

ICHIBAN YOKU WAKARU SHIN BO-BARI-AMI NO KISO (NV70258)

Copyright © NIHON VOGUE-SHA 2014
All rights reserved.
First published in Japan in 2014 by Nihon Vogue Co., Ltd.
Photographer: Yukari Shirai, Noriaki Moriya, Hidetoshi Maki
Designers of the projects of this book: Jun Shibata, KAZEKOBO, Makiko Okamoto

This Korean edition is published by arrangement with Nihon Vogue Co., Ltd, Tokyo
in care of Tuttle-Mori Agency, Inc., Tokyo through Botong Agency, Seoul.

쉽게 배우는
새로운 대바늘 손뜨개의 기초

1판 1쇄 발행 | 2015년 11월 13일
1판 8쇄 발행 | 2024년 10월 15일

지은이 일본보그사
옮긴이 김현영
펴낸이 김기옥

실용본부장 박재성
편집 실용2팀 이나리, 장윤선
마케터 이지수
지원 고광현, 김형식

디자인 푸른나무디자인
인쇄 · 제본 민언프린텍

펴낸곳 한스미디어(한즈미디어(주))
주소 121-839 서울시 마포구 양화로 11길 13(서교동, 강원빌딩 5층)
전화 02-707-0337 | 팩스 02-707-0198 | 홈페이지 www.hansmedia.com
출판신고번호 제 313-2003-227호 | 신고일자 2003년 6월 25일

ISBN 979-11-6007-630-1   13590

책값은 뒤표지에 있습니다.
잘못 만들어진 책은 구입하신 서점에서 교환해 드립니다.